身近な鳥のすごい食生活

唐沢孝一

イースト新書Q
Q064

はじめに

享保十七（1732）年の大飢饉のとき、立派な身なりの人が道端で餓死していた。何と、金貨百両という大金を首にかけたまま……（中島1989）。人も動物も、金貨や札束を齧《かじ》っては生きていけない。「生きる」とは何かを気づかせてくれる。

スーパーやコンビニの棚には食品が山ほど陳列している。金さえ出せば、何時でも、何でも手に入る、と思っている人がいるかも知れない。しかし、それが妄想であるということを、我々は震災や風水害のたびに痛いほど思い知らされてきた。日々の便利な生活は一瞬にしてリセットされ、人も動物たちと同じようにその日その日の飲食を求めてさまようことになる。

野生動物を観察して気づいたことの一つは、彼らの一生の大半は「食べる」ことに費やされることだ。生きる限り食べ続けねばならない。繁殖期には子どもを育てる。その子育ての大半は「子どもたちに食わせる」ことでもある。「パンのみにて生きるに非ず」ともいう。が、それは生物界全体から見れば極めて特異であり、例外的と言ってよいだろう。

本書は、身近に観察できる鳥30種類を選び、その食生活に焦点をあてたものである。観察できる場所や季節などから「都会の鳥」「郊外の鳥」「秋・冬の鳥」、「水域の鳥」に大別し、鳥にとって食べることの意味、食物の種類、捕食や採餌《さいじ》のために進化した嘴《くちばし》や足の爪などの形態、あるいは狩りのテクニックなどについて、筆者が実際に観察し凄いと思った事例などを交えて紹介したものである。

当たり前のことではあるが、多くの野生動物は、空腹や怪我、体の不調などに対して体一つで向き合わねばならない。生活の保護や支援はない。いつ、どこに、どんな食物があるのか、それをどう捕らえるか、どう処理して食べるか……、といった鳥たちの食生活は実に真剣であり、命がけである。

ところで、鳥類は空を飛ぶために特化した動物である。そのための最優先課題は軽量化であり、軽量化と最も関係が深いのが食生活である。過食によって体重が増えすぎれば飛び立てない。さりとて軽量化のためにダイエットしても解決はしない。飛翔に必要な筋力が低下しエネルギーもまかなえなくなるからだ。矛盾するようだが、しっかりと食べ、しかも体重を増やさないことが求められる。そのためには、何を食べるか、どの部分を食べるかが問題である。栄養価の低い葉や茎よりも高カロリーの果実や種子、花を食べるのも、あるいは、昆虫や魚、カエル、トカゲ、ネズミやウサギなどを捕食するのも飛翔が関係している。

未消化物をいつまでも体内にとどめておくわけにはいかない。飛翔にとって最大の敵は「肥満」と「便秘」である。そのために鳥類の腸管は短く「頻尿」「頻糞」が奨励される。食べながら排泄するのが理想である。減量のために歯や顎まで失ったのが鳥類である。鳥たちの生活習慣の基本は「噛まずに丸呑み」「早メシ、早グソ」である。

本書は、身近に観察できる30種類の鳥の食生活を切り口にその凄い生態を紹介したものである。しかし、世界には約9000種の鳥類が生息している。ここで取り上げた事例はほんの一部分にすぎない。注意して観察してみればさらに興味深い食生活に出会えるであろうし、野鳥や自然への理解が深まり、自然観察を楽しめるにちがいない。

2020年1月　　唐沢孝一

●目次

1章　都会の鳥

2章 郊外の鳥

3章 秋・冬の鳥

4章 水域の鳥

1章

都会の鳥

スズメやカラスなどの野生鳥類がなぜ都会でくらすのか。「食物」を通して見えてくる興味深い生態を紹介する。

咲きはじめたカワヅザクラで吸蜜するヒヨドリ(千葉県市川市江戸川土手)

スズメ

おしゃべり採餌と桜の盗蜜

スズメの嘴は太くて丈夫。種子を食べるのに適している。しかも、いつも群がり、食べながらもチュン、チュンと鳴いて賑やかだ（写真❶）。

スズメが群がるのも、鳴きながら食べるのも生存上の理由がある。広い草原にあってはどこに食物になる種子があるか分からない。宝の山を探すようなもの。1羽よりも群れで探した方が発見しやすいであろうし、仲間が賑やかに鳴いているところには、スズメの食べ物があるということを意味している。鳴き声によって餌のありかを教え合っていると言ってもよいだろう。

群れは大きいほど賑やかになり、遠くの仲間に餌のありかを伝えることができる。スズメの食事の第一の特徴は群れること、第二はおしゃべりである。群れることにより目の数が増える。それだけ天敵に早く気づくことができ、群全体の安全にも役立っている。

❶群がって採餌するスズメ（市川市大柏川調節池）

何でも食べる雑食性

スズメは種子だけでなく昆虫やクモも食べる。ミミズも食べる。果実も食べる。落ちているお菓子やパン、おにぎりの米粒も食べる。何でも食べる雑食性だ。スズメもカラスも雑食性だが、食物のサイズがスズメは遥かに小さく、また少量で命を維持できる。

スズメの雛の餌は昆虫やクモなどの動物質が中心だ。卵が孵化して巣立つまで、親鳥が雛に餌を運ぶ回数は何と4000回を超えるという観察結果がある（佐野1974）。

オオカマキリなどの大きな昆虫も捕らえる。大きすぎてそのままでは呑み込めない。鳥には歯がないので齧ることはできない。どうするか。嘴で翅《はね》をくわえ、思いっきり振り回す。こうして翅をとり除いても、まだ大きすぎて呑み込

❷カヤツリグサの穂に乗って地上に倒して種子を食べるスズメ（東京都台東区上野恩賜公園不忍池）

❸カキの実をつついて食べるスズメ（市川市新田）

めない。頭や胸をくわえて振り回すが容易には千切れない。そんなときカラスなら、足で押さえつけておいて、嘴で千切ることができるのに……。残念ながらスズメは足を使うことができない。

路傍に生えているスズメノカタビラやメヒシバなどのイネ科植物の種子もよく食べる。嘴で穂をはさんで種子をしごきとる。落下傘のようなタンポポの種子はじゃまな冠毛《かんもう》を嘴で切り落として食べる。カヤツリグサやススキの穂は、背伸びしても届かない。スズメたちはジャンプして穂に飛び乗り、体重をかけて地上に押し倒して種子を食べる（写真❷）。

秋には、河原の土手一面に生えるセイバンモロコシやエノコログサ、キンエノコロなどの種子を群がって食べる。

❹雪で覆われた土手で採餌するスズメの群れ（市川市江戸川）

秋～冬には木の実を食べる。クロマツの松ぼっくりから種子を引き抜いて食べる。真っ赤なクロガネモチの実も食べる（→P.9）。ムクドリやヒヨドリがカキをつつくと、その傷痕を体の小さいスズメやメジロがつつく（写真❸）。脂肪分の多いハゼノキやナンキンハゼの実も冬のスズメにとっては魅力的な食べ物だ。

1～2月、東京でも大雪になることがある。空地や河原の土手がすっかり雪に覆われ、食べ物が見つからない。地上に落ちている種子を探して食べるスズメにとって地面が雪で覆われると大ピンチである（写真❹）。飢えと寒さで命を落とすスズメが続出する。そんなとき、人の与える給餌によって多くの小鳥たちが命拾いをする。

桜の名所でスズメたちの盗蜜行動

春爛漫の桜花の季節、各地の桜の名所でスズメたちが花を千切って落とす行動が見られる。花を千切って遊んでいるようにもみえるのだが、実は、花の蜜をなめては落としているのだ。

❺桜花を千切って蜜をなめるスズメ（市川市新田）

メジロやヒヨドリのように嘴がストローのように細長い鳥では、嘴を花にさしこんで蜜を吸うことができる。しかし種子を食べるのに適応したスズメの嘴は太くて短い。吸蜜《きゅうみつ》には適応していないのだ。そこでスズメは、花の蜜腺付近を嘴で千切って蜜をなめるのだ（**写真❺**）。

花にとってははなはだ迷惑である。花粉も運ばず、蜜だけ横取りされてしまう。これを盗蜜という。ただし、ソメイヨシノの場合に限って言えば、オオシマザクラとエドヒガンの雑種のため種子ができない

❻桜花に穴を開けて盗蜜するスズメ（矢印はスズメが開けた穴）（東京都台東区上野恩賜公園）

ので実害があるわけではない。

盗蜜はシジュウカラ（→P.64）やワカケホンセイインコ（→P.77）でも行う。盗蜜される花はソメイヨシノの他にオオシマザクラ、カンヒザクラ、ウメ、ボケなどでも観察されている。

スズメの盗蜜行動を観察していると、個体によっては花を千切るのではなく、花の付け根の蜜腺付近をつついて小さな穴を開け、そこから蜜を吸うものもいる（写真❻）。こうした行動が群全体に、あるいは各地のスズメにどのように伝達され広まったのであろうか。スズメの盗蜜行動の伝搬は、動物の行動の伝搬の一例としても興味深いものがある。

宮崎県幸島のニホンザルの群れでは、イモを洗って食べる。一頭の天才的なサルが洗って食べることを発見し、群れ全体に広がったといわれている。

ツバメ

アリもトンボもミツバチも捕らえる

❶空中を滑るように飛ぶツバメ（埼玉県越谷市大吉調節池、撮影:石井秀夫）

ツバメは空を自在に飛び回り、飛翔昆虫を捕食する。飛びながら獲物を捕らえ、水面近くを飛びながら一瞬のうちに水を飲み、水浴も行う（**写真❶**）。空を飛ぶために特化し進化した鳥である。

ツバメは地上や樹上では採餌しない。草原にもぐって餌を探すこともない。もっぱら空中で採餌する。そのための高度な飛行技術を獲得し、他の動物が利用しにくい空中の食物資源を独占的に獲得できるようになった。ただし、何を捕えているのかを特定するのは難しい。ツバメの飛翔は複雑で動きは速く、しかも獲物はとても小さく分かりにくいのだ。

❷大きく口を開け、餌をねだるツバメの雛（市川市大柏川ビジターセンター）

ツバメの雛の食物

育ち盛りのツバメの雛は食欲旺盛である。4～5羽の雛が、一斉に大きな口を開け、餌を乞う光景は観察する人にとっては微笑ましいのだが、親鳥にしてみればその食欲に応えるのは一苦労だ（**写真❷**）。親鳥は採餌と給餌に明け暮れる毎日であり、同じように子育てに苦労し勤しむ人々の共感を呼ぶところでもある。

ツバメは人家の軒下などに巣作りし、人前で子育てをする。親鳥が雛に運んでくる餌を至近距離から観察できるし、デジカメで撮った画像を拡大して昆虫の種類を確認できることもある（**写真❸**）。また、巣の下に餌を落とすことがある。ツバメの食性を知る絶好のチャンスである。雛の落とし物で最も多いのはトンボ類（ナツアカネ、ウスバキト

❸雛にナゴヤサナエを給餌するツバメ（市川市大洲）

❹ツバメの雛が巣の下に落とした昆虫

ンボ、コシアキトンボ、ノシメトンボなど）であり、ガガンボ、ウバタマムシ、ハエやアブなどが落ちていることがある（写真❹）。

❺ツバメの雛の糞から検出された昆虫（アリやトンボ）などの破片（市川市新田）

雛の糞を分析する

ツバメの雛は、巣の下に糞を落とす習性がある。その糞を茶こしに入れて水洗いすると、消化できなかった昆虫の破片がごっそりと出てくる（写真❺）。この破片から、どんな動物を食べているのかを推測することができる。これを糞分析という。

ビルの林立する東京都心の銀座や丸の内と、緑地や江戸川などのある千葉県市川市とで、ツバメの糞分析を行って比較してみた。驚いたことに、都心でも郊外でも、最も多かったのはクロヤマアリ、クロオオアリ、クロナガアリなどのアリ類であった。ツバメは飛んでいる昆虫のみを捕らえる習性がある。アリは空を飛ぶのだろうか。調べてみると、糞分析ではアリの翅も検出された。アリといっても地上を歩くアリではなく、羽アリであった。ツバメが繁殖する5月〜7月には、都心でも郊外でも至る所で羽アリが発生して結婚飛行を行う。それを捕食しているのだ。

糞内の小さな破片から何を食べているのか、種名まで突き止めるのはとても難しい。しかし、どんな仲間の動物かはある程度推測できる。これまでに判明したのはトンボ類、ガムシ類、コガネムシ類、テントウムシ類、ゾウムシ類、アブ類、ミツバチ類、ハエ類などである（唐沢・山﨑1991）。

ただし、糞分析では分からないこともある。蝶や蛾などはほとんどが消化吸収されてしまうからだ。糞内には蝶や蛾の鱗粉が含まれているが水洗いによって流れてしまい分析できないのだ。

銀座のツバメとミツバチのなぞ？

銀座のビルの屋上では2006年よりミツバチの養蜂が行われている。そのミツバチを銀座で繁殖するツバメが捕らえて雛に与えていることが明らかになった。

ミツバチの雌には針があり、雄には針がない。針のある雌バチを捕らえると刺される危

❻ツバメの巣の下に落ちていた雄のミツバチ（東京都中央区銀座、撮影：山本なお子）

険はないのだろうか。それとも、ツバメは雄バチだけを捕らえるのだろうか。
雛が巣の下に落としたミツバチは、いずれも雄バチであった（山本２０１９私信）（写真❻）。ＮＨＫの「ダーウィンが来た！」（２０１９年8月18日放映）で銀座のツバメの生態が放映された。ツバメがミツバチを捕食するシーン、雛への給餌シーンが20回以上映し出された。雌雄の識別可能な画像について銀座で養蜂業に携わる山本なお子さんがチェックしたところ何と捕えたミツバチは全て雄バチであった。

銀座のツバメは雄のミツバチだけを捕食している可能性がある。もしそうだとしたら、ミツバチの雌雄をどのように識別しているのだろうか。鳥類は紫外線を見分けられる。浅間茂氏に紫外線撮影してもらったが、紫外線では雌雄の区別ははっきりしないという。

一方、都市鳥研究会の金子凱彦氏は、１９８４年から35年にわたって銀座のツバメの繁殖状況を調べている。ツバメの営巣《えいそう》場所は年々減少し２０１１年以降は2カ所であった。ところが、２０１９年には6カ所に増加した。ツバメの繁殖が回復したのは、栄養価の高いミツバチを給餌するようになったからであろうか。興味深いところである。

ハシブトガラス

共食いも辞さない旺盛な食欲

❶太くて頑丈なハシブトガラスの嘴（東京都渋谷区代々木公園）

カラスは、「怖い」「気味悪い」という人もおれば、「賢い」「魅力的」という人もいる。愛憎半ばするカラスだが、怖いと思いつつもどんな鳥なのか、どれほど賢いのか、カラスへの関心や興味はつきないものがある。

ハシブトガラスの起源は熱帯のジャングルであり、見通しの悪い森林である。都心のビル街もコンクリートジャングルと言われるように見通しが悪くハシブトガラスの好む環境だ。

太くて頑丈な嘴は破壊力がある（**写真❶**）。猛禽のように鳥や動物を捕食する。繁華街では生ゴミをあさり、ドブネズミも襲う。今やカラスを抜きに都市生態系を語ることはできないと言ってもよいだろう。

貪欲に何でも食べる

❷アオダイショウを捕らえるハシブトガラス（市川市行徳、撮影：松丸一郎）

長年にわたってカラスを観察してきたが、ハシブトガラスくらい「食」に貪欲な鳥はいない。ハシボソガラスに比べて体が大きく、頑丈な嘴と鋭い爪を持っており、ネコやイヌ、時には出産時の牛馬の子をも襲う。

哺乳類ではドブネズミ、モグラなどを捕食する。鳥類では、体の弱っているドバト、ムクドリ、スズメなどに襲いかかり、嘴でくわえ、足の爪でしっかりと押さえつけて羽をむしり、胸筋を引き裂いて食べる。カメ、ヘビ、トカゲ、カナヘビ、ヤモリなどのハ虫類、ヒキガエル、ウシガエルなどの両生類、ザリガニや魚類、バッタやイナゴなどの小さな昆虫まで、ほとんどの動物を食べる（**写真❷**）。さらに、カキやトウモロコシ、コメ、ムギ、マメ類なども大好物。食性の幅の広

❸東京都恩賜上野動物園でバイソンの糞を食べるハシブトガラス（円内）

さは雑食性の人と同じであり、あらゆる環境に進出し繁栄する原動力になっている。

都市生態系のスカベンジャー

　ハシブトガラスの食性で重要なのは、生きている動物だけではないことだ。動物の死骸、廃棄した残飯、動物の糞なども厭わずに食べる（写真❸）。その意味で、都市生態系の頂点に君臨しつつ、他方で分解者、スカベンジャー（清掃人）としての役割も担っている。

　東京などの大都市では、毎日多くの動物が車に轢《ひ》かれ、野鳥がガラスに衝突するなどして命を落としている。加えて病死や寿命による自然死もある。都市に生息する動物も死は免れない。にも関

❹レンギョ（死骸）の目をくり抜くハシブトガラス（市川市江戸川）

わらず、なぜか動物の死骸は見かけない。なぜだろうか。死骸の多くをカラスが食べて処分しているからだ。

江戸川の岸辺では、岸辺に打ち上げられたレンギョやヘラブナなどの死体をよく見かける。体長70～80㎝もある大きな魚は、鱗が厚くてカラスでも歯（嘴）が立たない。すると、動物の弱点である目をつつく（**写真❹**）。衝撃的なのは、人の死体も食べることだ。冬山で遭難した遺体が春の雪解けとともに露出してくると、最初にカラスがつつくのは目玉だと言われている。

さらに、おぞましいのはカラスがカラスを食べる共食いである。東京都心の緑地では、オオタカなどに捕食されたカラスの残骸が落ちていることがある。その翼や足の一部をカラスが食べる。東京都が行っているカラスの捕獲箱の中で、数羽のカラスがカラスの死骸を食べているシーンを見たことがある（写真❺）。3〜4羽のカラスが取り囲み、1羽が死骸を足で押さえつけ、胸や腹の筋肉を引き千切って食べている。ハトやムクドリを食べるのと同じように、カラスを食べているのだ。

カラスにとって共食いは特別のことではないらしい。生きている時は仲間でも、死ねば物体（肉）であり、食の対象となって食物連鎖に繰り込まれる。その意味でカラスはドライであり、エコロジカルで極めて合理的な動物とも言える。

❺カラスの死体を食べるハシブトガラス（東京都葛飾区水元公園）

のど袋と貯食《ちょしょく》

カラスは食べ物をのどにあるのど袋に詰め込んで効率的に運ぶことができる。また、満腹の時には秘密の場所に食物を隠す「貯食」の習性がある。木の

❻貯食したアズマモグラを草むらから取り出したハシブトガラス（水元公園）

根元をつついたり、落葉をかけたりしている時は貯食の可能性がある。草むらから貯食しておいたパンやソーセージ、あるいはネズミやモグラなどを取り出すシーンを見かけることがある（写真❻）。

貯食は、落葉や草むらの中、木の根元、樹洞《じゅどう》や樹皮の隙間、雨どいや広告塔の裏側などいたるところを利用する。見つからないように落葉などをかけてカムフラージュする。どこに隠したのかさっぱり分からない。しかも、貯食するのを人や他のカラスに見られると、別の場所に隠し直すという念の入れようだ。貯食した獲物を横取りすることもあるし、横取りされることもあるので油断できないのだ。

貯食した食物は後で取り出して食べるのだが、隠した場所を覚えている記憶力のよさにも驚かされる。

ハシボソガラス

賢さの際立つ食生活

❶嘴が細く体がスマートなハシボソガラス（千葉県流山市運河水辺公園）

ハシボソガラスは北方の草原性の鳥であり、見通しのよい開けた環境に生息する。日本では郊外の田園地帯や河川敷などを好んで生息する。ハシブトガラス（↓P.22）と同様に雑食性で何でも食べる。ただし、体が小さく嘴が細いこともあり（**写真❶**）、食物の入手から処理、食べ方などもこまやかで様々な工夫がみられる。その器用ぶりは鳥類界では抜きん出たものがある。

スズメの死体を食べる

2019年9月9日未明、台風15号が房総半島を直撃

❷スズメの死骸を水につけて千切るハシボソガラス（市川市大洲防災公園）

した。暴風雨により停電や断水による甚大な被害が出た。そのとき、集団ねぐらで夜を過ごしていたスズメやムクドリも多くの命を落とした。

千葉県市川市の筆者の自家近くの公園でも、スズメが台風の犠牲になった。ハシボソガラスがスズメの死骸を見つけると、足の爪で押さえ、嘴で羽毛を抜き始めた。しばらくすると四阿《あずまや》の屋根に運び、そこでも羽をむしりとり、今度は石の窪みに溜まった水に運んだ。スズメの死骸をどうするつもりだろうか。何と、水の中にスズメを沈めて足爪で押さえ、千切って食べ始めたのだ（写真❷）。わざわざ水に入れて死骸を処理するのは、泥や砂を洗い流して食べているようである。このカラスは、ムクドリの幼鳥を捕らえた時も、公園の池の水につけてから千切って食べた。

❸クルミを上空から落として割るハシボソガラス（東京都江戸川区葛西臨海公園）

貝やクルミを割るハシボソガラス

クルミや貝はとても硬くて嘴でつついても簡単には割れない。そこでハシボソガラスの中には、上空から落として割る個体がいる（写真❸）。その際、落とす高さが低くても、草地や砂地に落としてもクルミは割れない。簡単そうにみえるが、それなりの技術が必要だ。

仙台では、交差点の信号待ちをする車の前にクルミを置き、車に割らせるハシボソガラスが話題になった。

北海道の道東の海岸や日本海の粟島や舳倉島などでは、道路にウニやサザエ、ホタテ、ホッキガイなどの殻がたくさん落ちている（写真❹〜❻）。海が荒れた時に浜辺に打ち上げられたものをハシボソガラスが拾い、道路に落として割って食べた残骸である。

❹〜❻ハシボソガラスが空中から落として割って食べたクルミ、バフンウニ、サザエ（新潟県粟島）

❼ネズミをくわえて畦を歩くハシボソガラス（その後、円内に貯食した）（埼玉県さいたま市見沼田んぼ）

貯食したハタネズミ

ハシボソガラスも食べきれない時は、食物を隠して貯食する。

埼玉大学の野外実習で見沼《みぬま》田んぼに出かけたときのことである。1羽のハシボソガラスが田んぼの畦をノコノコと歩いていた。嘴には何か赤っぽいものをくわえている（**写真❼**）。急に立ち止まり、草むらの中にくわえていたものを隠した。何かを貯食したようである。カラスが立ち去った後に草むらを探してみると、頭の部分を切り取られた血だらけのハタネズミが出てきた（**写真❽**）。

学生たちにとっても、筆者にとっても滅多

❽ハシボソガラスが貯食したハタネズミ（埼玉県見沼田んぼ）

にない貴重なシーンを観察することができた。
　ハシボソガラスの貯食に関しては、善光寺境内での興味深い研究がある。いろんな食べ物を用意してハシボソガラスに与えたところ、あちこちに食べ物を隠し、貯食場所は計114カ所を記録した。その後、その貯食した食べ物を取り出して食べる様子を観察したところ、ウインナや卵焼き、さつまあげなどの生ものは三日以内に食べた。クルミのような保存食は平均で13・6日後、中には二ヶ月間も保存したものもあったという（後藤1984）。貯食した場所を記憶するだけでなく、食物の賞味期限を合わせて記憶していたことになる。

キジバトとドバト

強靱な砂のうで穀物をすりつぶす

❶林内で落葉をひっくり返して採餌するキジバト（東京都練馬区光が丘公園）

キジバトは赤褐色の羽がキジ（雉）に似ているのでキジバトという。本来は山野の鳥でありヤマバトともいう。木の枝などに営巣し地上で採餌する。１９７０年代に都市に進出し人工建造物でも繁殖するようになった。

一方、ドバトは、岩場などで繁殖するカワラバトを家禽化した伝書鳩などが半野生化したものだ。和名はドバトでもカワラバトでもよい。いずれにしても外来種である。岩場や神社仏閣の屋根、ビルのテラスなどの高所に止まって休息し、人の与えるマメや穀物、パンなどを地上で採餌する。人への依存が強い。

　また、キジバトは1羽あるいは数羽で採餌することが多いが、ドバトは群れで採餌することが多い。ドバトとキジバトは、そのルーツや生態は全く異なるが、都市公園などの林床で落葉をひっくり返して一緒に採餌する姿を見かけるようになった（写真❶／❷）。

❷キジバトと同じように林内で採餌するドバト（市川市堀之内貝塚公園）

　キジバトが山野から都市環境へ進出したのに対し、ドバトは糞害対策による給餌制限などにより、都心から郊外の農耕地や河川敷などで採餌するようになり、結果として同じ場所でキジバトとドバトとが採餌するようになった。今のところ、両種が完全に一緒に行動したり、混群《こんぐん》をつくるようなことはないが、今後の動向が注目される。

イシミカワの実を食べるドバト

　ドバトを見つけると、つい餌を与えたくなるのが日本人の習慣である。子どものころから「ぽっぽぽっぽ、はとぽっ

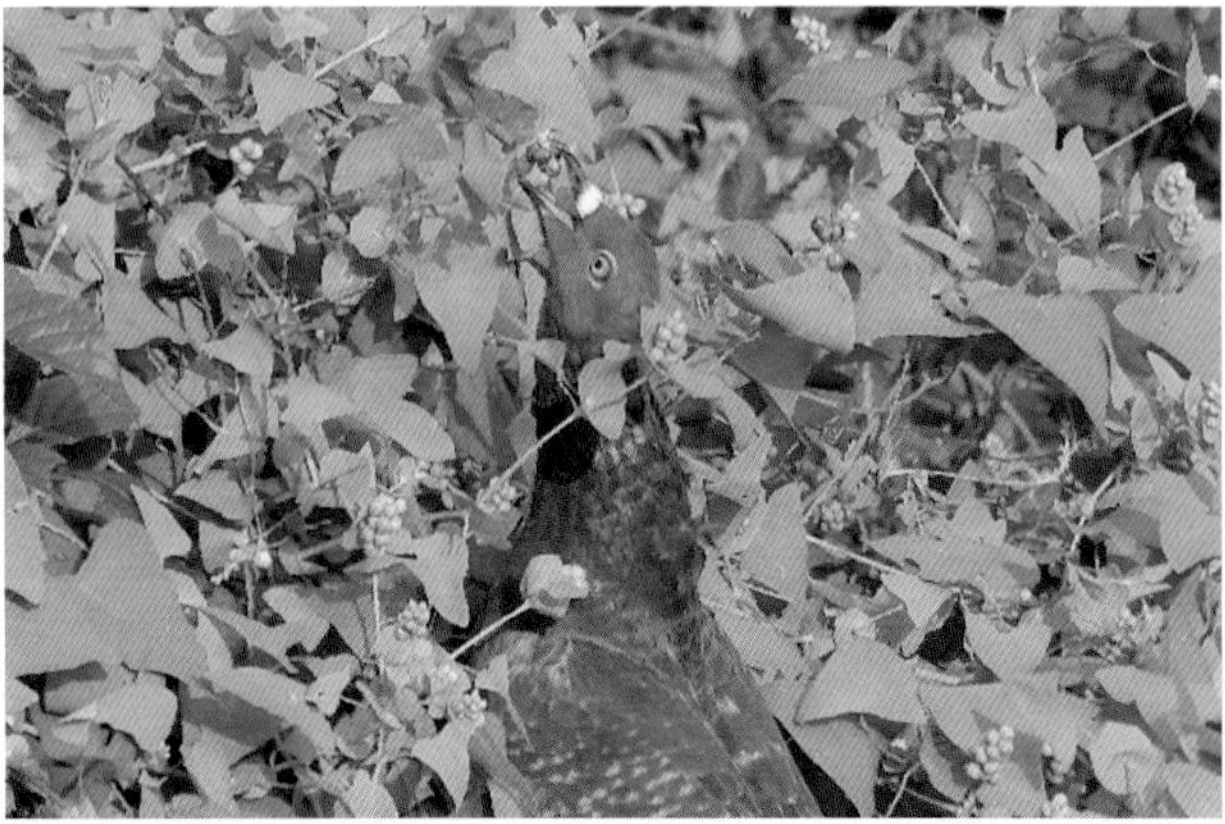
❸イシミカワの実をついばむドバト（市川市行徳鳥獣保護区、撮影:野長瀬雅樹）

ぽ、まめがほしいかそらやるぞ……」と歌ってきたこともあり、なかば反射的に給餌する人を見かける。餌を撒くと直ぐに数羽が足元に飛来し、それを見つけたドバトがさらに集まってくる。

ドバトはもともと家禽だったこともあり、人を恐れず、人の与える餌をよく食べる。穀物の他にパンやビスケットなども食べる。

歯はないので丸呑みである。硬い豆も丈夫な砂のう（胃袋）ですりつぶしてしまう。

また、ムクノキの実やスダジイのどんぐりもよく食べる。驚いたのはタデ科のイシミカワの実を食べることだ（写真❸）。イシミカワは石のような実に皮があるだけなのでの「石実皮」の名がつけられた。とても硬い実であ

❹イシミカワの刺が刺さっても羽枝が離れるだけで破れないドバトの羽

る。しかも、茎や葉には鋭い刺があり、うっかり衣服に触れると破れてしまい、皮膚に触れると引っかき傷をつくってしまう。

　イシミカワの刺がドバトの羽に刺さらないのか、体を傷つけないのだろうか。刺のついた茎でドバトの羽に触ってみることにした。イシミカワの刺が羽に刺さっても、羽枝《うし》と羽枝が離れるだけで破れない（**写真❹**）。

　というのも、1本の羽は、羽軸《うじく》から羽枝が、羽枝から小羽枝《しょううし》が出て互いに重なり合い、「こう」と呼ばれる爪によって引っかかって平板な羽を形成している。イシミカワの刺が刺さっても、「こう」が外れて羽枝と羽枝がはなれるだけで再び爪が引っかかりもとの羽に戻ることができる。

❺エゴノキの実を食べるキジバト（東京都千代田区JR御茶ノ水駅前茗渓通り）

キジバトの胃内容物をチェック

キジバトは、人の与える穀類やパンなども食べるが、人への依存度は低く、雑草や樹木の実などをよく食べる。

春～夏にはハコベやスズメノカタビラなどの種子をついばむ。秋には樹上でムクノキやエゴノキの実などを食べる（写真❺）。稲刈りを終えた水田では、ドバトやキジバトが落ち穂を食べる。いずれの場合も、一カ所で同じものを食べ続ける習性がある。

２００４年の冬、千葉県白井《しろい》市の水田地帯でキジバトの死骸を見つけた。死体といっても頭と砂のう（胃）だけが切断されて多数捨

❻大量のソバが出てきたキジバトの砂のう（千葉県白井市）

てられていた。おそらく密猟したものを処分したのであろう。驚いたのは胃の内容物だ。イノコヅチの種子やクスノキの実が数個含まれていたが、大部分はソバの実であった。その数なんと約400個を数えた（写真❻）。ソバ畑でひたすらソバの実をついばんだことが推測される。また、これだけ大量の種子を砂のうですりつぶすことを考えると、いかに砂のうの筋肉が強力であるかが想像できる。

ヒヨドリ

花も実も虫も貪欲に食べる

❶菜の花を食べるヒヨドリ（東京都中央区浜離宮恩賜庭園）

ピーヨ、ピーヨと甲高い声で鳴くヒヨドリ。元々は山野の鳥であったが、公園や住宅地、ビル街でもよく見かけるし、玄関先の庭木やベランダの鉢植えの木などでも営巣することがある。

今ではすっかりおなじみの都市鳥だが、都心（山の手線内）で繁殖するようになったのは1970年ころからである（川内1997）。それまでは山野で繁殖し、秋~冬に都市に飛来して越冬していた。いわば冬鳥《ふゆどり》であった。

ヒヨドリが都市鳥の仲間入りできた理由の

一つは、食性の幅にある。ヒヨドリはショ糖を分解できるので、ムクドリと違ってミカンなどの柑橘《かんきつ》類の果実を好んでつつく（→P.50）。また、冬季に甘みを増したキャベツ、ブロッコリーなどの葉を好んで食べる。花を丸ごと食べたり（**写真❶**）、花の蜜も吸う。餌台ではパンやお菓子も食べ、ジュースや砂糖水も飲む。

ヒヨドリのビークマーク

❷モクレンの花を食べるヒヨドリ（台東区上野恩賜公園）

ヒヨドリなどの鳥が花や葉などを食べた時にできる嘴（ビーク）の痕跡を「ビークマーク」という。ビークマークは、モクレンやコブシの花弁、アブラナの葉などをついばんだ時に花弁や葉にくっきりと残る（**写真❷**）。

また、真っ赤なアオキの果実をついばんだものの、大きすぎて喉を通らなかった時に落としてしまうことがある。そんなアオキの果

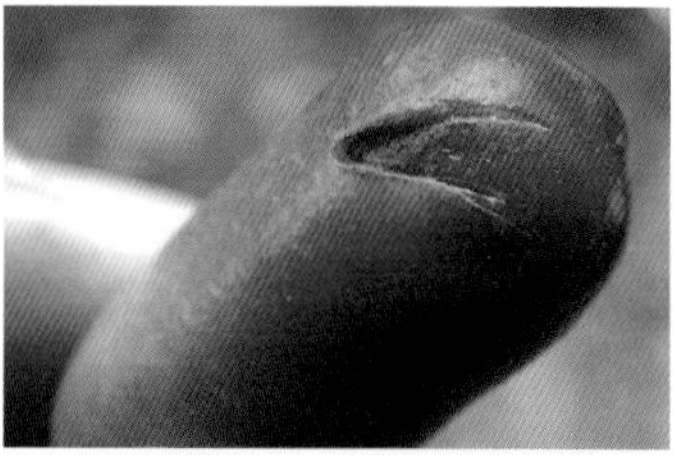

❸アオキの果実に残るヒヨドリのビークマーク（東京都港区国立科学博物館附属自然教育園）

❹アカボシゴマダラの後翅に残るビークマーク（練馬区石神井公園）

実には、ヒヨドリのビークマークが鮮明に刻まれている（写真❸）。

興味深いのは蝶の後翅にできるビークマークである。たとえば、アカボシゴマダラの後翅の先端には赤い模様がありよく目立つ。また、ジャノメチョウやヒメジャノメチョウなどの後翅にもよく目立つ蛇の目模様がある。ヒヨドリはこの目玉模様を頭部と間違って狙いをつけて捕えようとするが、蝶は翅の一部分を切られただけで逃げることができる（写真❹）。

空中でみごとなフライキャッチ

ヒヨドリの飛翔能力は抜群である。上野不忍池のほとりで桜の枝にとまっている5～6

❺空中でパンをフライキャッチするヒヨドリ(台東区上野恩賜公園)

羽のヒヨドリを観察したことがある。男性がやってきてパンの耳を放り投げた。ヒヨドリが一斉に飛び立ち、空中でみごとにパンをキャッチした(写真❺)。長い翼や尾羽を自在に駆使し、空中で捕らえる。その身体能力の高さはみごとなものがある。

ヒヨドリはセミ採りの名人でもある。アブラゼミなど簡単に捕らえてしまう。幹に止まっているセミが飛び立つと追いかけてキャッチする。ところがセミの翅が邪魔で呑み込めない。翅をくわえて頭を振って取り除こうとするがうまくいかない。カラスのように足爪で押さえて嘴で千切ることができないのだ。

ユズリハの葉を食べるヒヨドリ

ヒヨドリはユズリハの葉を食べる。しかも、何羽も

❻ユズリハの葉をついばむヒヨドリ。葉にはヒヨドリがついばんだビークマークが刻まれる（千代田区皇居・東御苑）

が群がって狂ったかのように食べる（写真❻）。

ユズリハはトウダイグサ科の常緑高木。新しい葉が展開するのと入れ替わりに古い葉を落とすので「譲り葉」。親から子への相続がこのようにうまくいくようにという願いもあってか、庭木としての人気が高い。

筆者がよく観察するのは皇居・東御苑のユズリハだ。毎年冬になると、枝先の葉は丸坊主になるほどに食べられてしまう（写真❼）。

特に栄養価が高い葉とも思えないのだが、なぜこれほどまでに食べるのだろうか。漢方ではユズリハの樹皮と葉を「駆虫剤」に利用している。ヒヨドリも駆虫剤として利用しているのかも知れない。

ヒヨドリは樹上で果実を食べたり、空中で

❼ヒヨドリが葉を食べて丸坊主になったユズリハ（千代田区皇居・東御苑）

昆虫を捕食するのが普通である。ところが、冬季に食物が不足してくると、地上に降りてハコベやスズメノカタビラ、ギシギシなどの葉をついばむことがある。ヒヨドリやシジュウカラなどの樹上性の鳥が地上に降りて採餌するのは、餌不足が深刻になり赤信号になったことを意味している。

ムクドリ

ムクドリはミカンを食べないって、本当?

❶江戸川土手で採餌するムクドリの群れ（市川市）

ムクドリの語源は、ムクノキの実を食べるから。あるいは、群れることから群来鳥（むれきどり）が転じたなど諸説ある。何十羽、何百羽と群がって採餌し、群れで夜を過ごす習性がある（**写真❶**）。

ムクドリは群れをなし賑やかにしていることにより、スズメと同じように仲間に食物のありかやねぐらの場所を知らせたり、危険を知らせることができる。

ムクドリの主な餌は地上性の昆虫や土中のミミズ、樹上の果実などである。群れているためモズや猛禽類のように獲物を探したり、狙いをつけて襲いかかるといった神経をつかう狩りは向いていない。

歩きまわって小動物を捕食

ムクドリは、地上を歩きまわって出くわした小動物を捕食する。あるいは、樹上にたくさんつけた果実をついばむ。モズのように単独で採餌する必要はない。草地では、獲物を発見したり追い出すのに群がった方が有利でもある。

地上ではとにかくよく歩く。歩きながら、落葉の下に潜む昆虫などをつついて食べる。最もポピュラーな採餌法は、芝生などを歩きながら蛾や蝶の幼虫を捕食することだ（写真❷）。ミミズやコガネムシの幼虫、カナブンなども手当たり次第に捕食する。また、羽化のために地上に出てきたアブラゼミの幼虫を捕食することがある（写真❸）。

❷芝生で蛾の幼虫を捕らえる（市川市江戸川）

❸アブラゼミの幼虫を食べる（市川市大洲防災公園）

❹落葉の中で嘴を広げて小動物を探すムクドリ（さいたま市秋ヶ瀬公園）

❺5～6匹のミミズをくわえ雛に運ぶムクドリ（市川市江戸川）

面白いのは、地上の落葉に嘴を差し入れ、嘴を大きく開いて獲物を捕らえることだ（写真❹）。非繁殖期には群れで採餌するが、繁殖期には単独または2羽で行動し、ミミズなどを5～6匹くわえて雛に運ぶ（写真❺）。

　ムクドリが捕食する動物は、カラスのように大きな獲物ではないが、昆虫や小動物を中心に食性は広範囲に及ぶ。清棲（1965）によれば、両生類のニホンアマガエル、ハ虫類のヤモリ、甲殻類のアメリカザリガニ、軟体動物のタニシ、魚類のマハゼ、クモ類などをはじめ、主要な餌は昆虫類だとしている。主な昆虫として、アリ、ガガンボ、アブ、マメコガネ、コガネムシ、ゴミムシ、ルリハムシ、ゾウムシ、テントウムシ、イナゴ、バッタ、ケラなどの成虫。シャクトリガ、ヨトウムシ、モンシロチョウ、トンボなどの幼虫を挙げている。ムクドリが捕食するこれらの餌の多くは河川敷や都

❻クワの実を雛に運ぶムクドリ（千葉県我孫市岡発戸）

市公園、耕地などの生態系の第一次消費者であり、ムクドリは第二次消費者の地位にある。見方を変えれば、ムクドリは害虫を捕食し、都市の緑地にとってムクドリはコントロールする重要な役割を果たしていると言ってよいだろう。

季節の果実を食べる

ムクドリは果実が大好物だ。子育ての5～6月ころ、頻繁にクワの実を雛に運ぶ（**写真❻**）。ヤマモモやサクランボなどの果実が熟すと、巣立った幼鳥も一緒になって食べる。オオシマザクラなどの果実は、赤い果汁を含むため路上は糞や果実で赤く染まってしまう。

秋になると、カキ、ブドウ、ナシなどをつ

❼民家のカキをついばむムクドリ（市川市新田）

つく。カキが色づいてくると、数十羽で押し寄せて、数日で食べ尽くしてしまう（写真❼）。農家にとってはやっかいな鳥である。

ムクドリはなぜ柑橘類を食べない？

ヒヨドリはミカンやオレンジやキンカンなどの柑橘類を好んで食べるため、農家にとっては困った害鳥である。ところが、なぜかムクドリが柑橘類を食べるのを見たことがない。なぜだろうか。

実は、ムクドリには柑橘類に多く含まれているショ糖（スクロース、砂糖の主成分でもある）をブドウ糖と果糖（フルクトース）に加水分解《かすいぶんかい》する酵素（スクラーゼ）がない。そのため、ショ糖を分解できず、小腸から吸収できないのだ（Lane,S.J.1997）。一万円札を持っていても、両替しないと自販機で買い物ができないようなものだ。ちなみに柑橘類の果汁成分の6割はショ糖である。

一方、ムクドリはカキやブドウ、サクランボなどはよく食べる。ムクドリが吸収できるブドウ糖や果糖を多く含んでいるからだ。

冬季、千葉県や神奈川県などの暖地では、キャベツやブロッコリーなどの露地植えが盛んだ。その畑にヒヨドリが群がり、葉をついばんで食害が発生する。葉菜類は低温への適応のためにショ糖の濃度を高めるため、ヒヨドリにとっては格好の食べ物になる。

一方ムクドリは、冬季には大群の集団ねぐらで夜を過ごす。このムクドリの大群が露地植えの葉ものを食べたら大変な被害が出てしまうのだが、幸いなことにムクドリはショ糖を分解できず、葉菜類を食べないため食害は発生しない。

ハクセキレイ

もっぱら小動物を捕食する

❶小さなアブラムシ（円内）を捕食するハクセキレイ（千代田区皇居・二重橋濠）

ハクセキレイは北海道や東北地方の海岸沿いの岩場で繁殖していた。それが、１９７０年代になり、関東にまで南下。さらに九州にまで分布を拡大し、同時に都市環境にも進出して繁殖するようになった。今日では都市のいたるところで普通に生息し、繁殖するようになった。

ハクセキレイが都市に進出したのは、建物の隙間が岩場の営巣地の代替え環境になったこと、パンやビスケットなど食性の幅を広げたことなどが考えられる。

❷落葉に潜むクモを捕らえたハクセキレイ（東京都青梅市沢井）

ハクセキレイの得意技

ハクセキレイは芝生や水辺を歩きながら、地上にいる小さな昆虫、クモなどを見つけて捕食する。もっぱら小動物を食べる肉食性だ。ところが、葉や茎、落葉などに潜んでいる小動物はとても小さく何を食べているのかは、我々の目で見ても分かりにくい。しかし、ハクセキレイの目の位置は地上4〜5㎝である。みえている世界が人とは全く異なり、アリやクモなどがラグビーボールくらいにみえるにちがいない（写真❶／❷）。

ハクセキレイの得意技の一つに空中でのフライキャッチがある。歩きながら地上の獲物を探しているはずなのに、急に飛び立ち、空中で小さな虫を捕らえて舞い降りる。チョウやトンボなどを捕らえることもある。ただし、飛び上がって採餌する範囲はせいぜい1～2mまで。地表近くで採餌する。ヒヨドリやツバメのように上空で採餌することはない。

羽化するナゴヤサナエを襲う

❸江戸川の護岸で羽化中のナゴヤサナエ（市川市江戸川）

江戸川の河口近くの岸辺では、6～8月ころの早朝にナゴヤサナエが羽化する（**写真❸**）。羽化のために岸辺やコンクリートブロックにたどり着くヤゴを待ち構えているのがハクセキレイだ。ヤゴを捕食することもあるし、護岸で羽化するところを襲うこともある。また、羽化して翅を乾かし、初めて飛び立った成虫をいとも簡単に捕らえてしまう（**写真❹**）。ヤゴを捕らえたハクセキレイが、近くにいる幼鳥に給餌することもある（**写真❺**）。

ハクセキレイを見ていると、いろんな種類の動物を捕らえるというよりも、同じ動物を集中的に捕らえる傾向がある。その方が、効率的に捕食できるからであろう。

ナゴヤサナエが早朝の江戸川のどこで羽化するか、羽化したトンボがどこで翅を乾かし、どこに飛んでいくかなどをハクセキレイは学習しているようである。岸辺を何回も往復してパトロールを繰り返しナゴヤサナエをことごとく捕食してしまう。

❹羽化したばかりのナゴヤサナエを捕えたハクセキレイ（市川市江戸川）

❺幼鳥（右）にナゴヤサナエのヤゴを給餌する親鳥（市川市江戸川）

❻耕運機の後を追って採餌するハクセキレイの群れ（千葉県野田市）

田《た》起《お》こしに集まるハクセキレイ

　ハクセキレイは、秋～冬には群がって採餌することがある。特に春先の田起こしのころには、耕運機が土をひっくり返していくと、その後を数十羽のハクセキレイが追いかけるように群がって採餌することがある（写真❻）。土中から出てくるケラやミミズ、甲虫などの幼虫を捕食するのだ。ハクセキレイだけでなく、カラスやムクドリ、コサギ、タゲリなども集まってくる。

　こうした耕運機や他の動物の動きを利用して獲物を得る方法を「オートライイシズム」という（→P.134、P.184）。

2章　郊外の鳥

メジロやコゲラなど、住宅地でくらす鳥類が増えている。その背景に「花や鳥」を愛でる日本人の姿が見えてくる。

人や漁船の出入りを注視するトビの群れ（千葉県鴨川市鴨川漁港）

メジロ

花蜜やコナラのシロップを吸う

❶カワヅザクラで吸蜜するメジロ（市川市江戸川）

美しい緑色の羽、目の周りの白いリング、早口で高音のさえずりなど、メジロはとても愛らしい小鳥だ。ヒヨドリと一二を争う甘党の鳥であり、動きが速く、花から花へと移動して吸蜜に忙しい（**写真❶**）。嘴や顔には黄色い花粉をたっぷりつけて花の受粉に一役かっている。

メジロは移動しながら、クモ、アリ、ハエ、アブラムシ、バッタ、イナゴなどの小動物を捕食し、ノブドウ、アケビ、ムラサキシキブなどの果実も大好物だ。

❷サザンカの花で吸蜜するメジロ（市川市新田）

季節の花を次々と吸蜜

メジロは一年をとおして花の蜜を利用する。特に昆虫の少ない冬季は、花蜜への依存が高くなる。11月から1月にはサザンカ、アロエ、ユーカリ、ビワなどの花、2月から3月にはウメの花、3月から4月にはカンヒザクラ、カワズザクラ、ソメイヨシノ、ボケの花など、晩秋から早春にかけて吸蜜行動がよく目立つ。

数ある花の中で、大の好物はサザンカだ。蜜の量が多く花からあふれんばかりだ。メジロは細長い嘴を花に差し込み、嘴の先端から舌を伸ばして吸蜜する（写真❷）。サザンカの方も、メジロに花粉を運ばせるために濃度の低い蜜を多めに分泌し、何回も訪花《ほうか》させようとしている。

温暖化とメジロの吸蜜

ヒートアイランド現象のためであろうか、最近の都会は冬でも暖かく、路地でアロエ（キダチアロエ）の花をよく見かける。また、黒潮の流れる三浦半島の城ヶ島《じょうがしま》（神奈川県）や房総半島の館山や鴨川などの暖地では、南斜面に自生のアロエの群落があり一面に赤い花を咲かせており、メジロの群れがつぎつぎと吸蜜に訪れる。

❸アロエの花で吸蜜するメジロ（鴨川市）

アロエの花は、蕾の時には上を向いているが、開花すると下向きに垂れ下がる。メジロは花の下側から嘴を差し入れて吸蜜する（写真❸）。花は咲き終わると萎れ、その上の花が咲き、下から上へと咲いていく。そのため、メジロは何十回も訪花を繰り返す。

東京都の「夢の島公園」（江東区）にはユーカリの森があり、1～2月には沢山の花をつける。花には何十羽ものメジロが飛来し、オーストラリア原産のユーカリの花で吸蜜するのが見られる（写真❹）。

2月の中下旬ころ、東京では雪が降るころにビワの花が咲く。とても地味な花だが、メジロたちは見逃さずに飛来して吸蜜する（写真❺）。餌の少ない冬季は、山野よりも都会の方が花の種類が多い。人々が冬の庭で花や実を楽しもうとして植樹することが、メジロの甘い食生活を支えていることになる。

❹ユーカリの花で吸蜜するメジロ（東京都江東区夢の島公園）

❺ビワの花で吸蜜するメジロ（市川市新田）

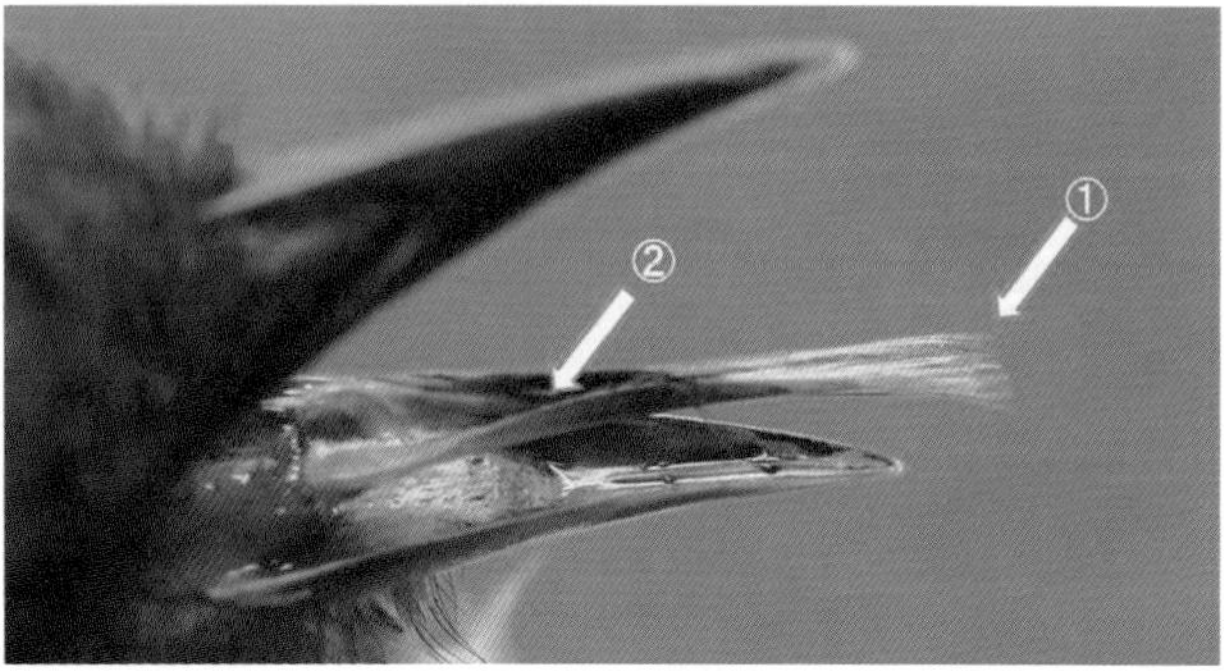

❻メジロの舌の先端①がブラシ状に分かれ、②の部分は管状で蜜を吸いやすい

吸蜜に特化したメジロ

メジロの嘴や舌は吸蜜のために特化している。嘴が細長いため花の奥に差し込みやすい。嘴が太くて短いスズメとは大違いだ。それだけではない。舌の先端が極細のブラシ状になっており、一瞬にして蜜を吸い取ることができる。さらにおどろくのは、舌が管状であり蜜を吸い込みやすくできている（**写真❻**）。

メジロの特殊化した舌をみると、花の蜜を吸うために生まれてきたのではないかと思ってしまう。

コナラのシロップを吸うメジロ

皇居・東御苑の二の丸には、昭和天皇のご意向で造

❼コナラの樹皮の穴に嘴を差し込んで樹液を吸うメジロ（千代田区皇居・東御苑）

成された雑木林がある。

春浅い2～3月ころ、コナラの幹で樹液を吸うメジロを見かけることがある（写真❼）。樹皮に開いた小さな穴に嘴を差し込んで樹液を吸う。しばらくすると別のコナラへと移動し、林内に何カ所かある樹液の出るコナラを巡り、再び樹液が溜まるころにもとのコナラに戻り樹液を吸う。

樹木は、厳しい寒さによる樹液の氷結防止のために樹液の糖度を高くする。カナダのメープルシロップは、2～4月の春先の寒暖差が最も大きくなる季節にカエデの幹に穴を開けて樹液を採集したものだ。メジロは、春先に濃度を高めるコナラのシロップを味わっていたのである。

シジュウカラ

四季折々の食事の工夫

❶千切ったカワヅザクラを足で押えて蜜を吸うシジュウカラ（静岡県河津町）

シジュウカラは雑木林や公園、住宅地などの緑地で暮らす最もポピュラーな小鳥である。スズメよりやや小さく、動きは速く活発である。主に樹上で暮らし、枝から枝へと移動し、葉の裏や小枝などに潜むガやチョウの幼虫、クモなどを捕食する。春にはスズメと同じように桜花を千切って蜜をなめることもある（**写真❶**）。

餌が不足する冬季には越冬中の昆虫やクモを丹念に探し出す。種子や果実などもよく食べる。食べられるものは何でも食べて厳冬期を生き延びようとしている。

渡り鳥の場合は、ツバメがそうであるように、飛翔昆虫のみを食べることもできる。コアジサシのように、渡った先で魚のみを食べて生きられる。しかしシジュウカラやスズメのように同じ地域で一年中生活する留鳥《りゅうちょう》の場合は、四季折々に変化する食物源をどう利用するか、その工夫の仕方が生存を左右することになる。

巣箱を利用するシジュウカラ

❷巣箱の中の雛に餌を運ぶシジュウカラ（さいたま市見沼田んぼ）

シジュウカラは樹洞や巣箱で子育てをする（写真❷）。巣箱の巣穴が大きいとスズメやムクドリに乗っ取られてしまう。では、シジュウカラだけに巣箱を利用してもらうにはどうしたらよいだろうか。巣穴の直径を28㎜にする方法もその一つだが、巣箱を2m以下に架けると、シジュウカラは利用するがスズメは利用しない（飯田２０１１）。

そういえばシジュウカラは、木の根元のウロ、ひっくり返した植木鉢、郵便受けなど人の手の届くところでも繁殖する。他方、人への警戒心の強いスズメは2m以下での繁殖を避けようとする。人が存在することによりシジュウカラの巣はスズメに乗っ取られないのだ。

巣箱で繁殖するシジュウカラを観察すれば、雛に運んでくる餌を居ながらにして観察できる。餌の大部分はガやチョウの幼虫、クモなどである。雛が大きくなれば餌のサイズは大きくなるが、巣立ち近くになると再び小さくなるという。また、給餌回数は雛の数によっても変化する。雛数が3羽の場合は一日の給餌回数は133回だが、雛数が13羽の場合は938回に増えたという観察もある（浦本1966）。雛の数が多い親鳥ほどよく働くとも言えるし、子どもが少なければそれなりにしか働かない、と言ってもいいだろう。

混群や地上での採餌

子育てを終えたシジュウカラは、数羽から十数羽の群れで生活するようになる。群れで移動しながら、越冬中の昆虫やクモ、卵《らん》のうなどを探して採餌する。時にはエナガ、ヤマガラ、ヒガラ、メジロ、コゲラなどが群れに混じり、一緒に行動する。これを混群という。混群を形成することにより、それぞれの鳥がそれぞれの流儀で天敵を警戒するため、群れ全体では危険をいち早く察知できるようになる。と同時に、餌のありかや採餌方法などを互いに学習し合うこともできる。

林の餌が少なくなる冬季には地上に降りて採餌することが多くなる（写真❸）。落葉をひっくり返し、ケヤキやムクノキなどの実を食べる。硬い実の場合は、両足の爪でしっかり押さえ、嘴でつついて割って食べる。

シジュウカラは樹木で採餌するのが普通だが、冬季にはヨシ原などの草原にも現れる。ヨシの茎や低木の枝などに産卵したオオカマキリの卵のうをつつき、卵を取り出して食べる（写真❹）。また、枯れたヨシの茎に

❸地上で木の実をついばむシジュウカラ（千代田区皇居・東御苑）

❹オオカマキリの卵のうをつつくシジュウカラ（さいたま市見沼自然公園、撮影：石井秀夫）

❺ヨシの葉鞘を剥がしてカイガラムシを食べるシジュウカラ（市川市大町自然観察園）

とまり、茎を覆っている葉鞘《ようしょう》を剥がしてカイガラムシなどを食べる（写真❺）。この採餌方法は、ヨシ原を生息地としているコジュリンの採餌方法と同じである。

また、ジョロウグモはコナラやクヌギ、スギなどの樹皮にまとめて産卵し、卵の上に糸を張って覆い隠してしまう。これを越冬中のシジュウカラやエナガなどが食べることもある。

餌台のヒマワリ、ラード

冬になるとシジュウカラは、餌台によく飛来するようになる。好んで食べるのはヒマワリの種子だ（写真❻）。脂肪分を多く含むのでカロリーが高く、飢えと寒さに苦しむ冬の小鳥にとっては救世主である。種子を嘴でくわえ、足で押さえて器用に割って食べる。また、脂身（ラード）もシジュウカラの大好物だ（写真❼）。フィーダー（給餌台）もいろいろ工夫されており、自動的に給餌できるものもある。カラスやヒヨドリなどの大きな鳥は入れないが、シジュウカラやヒガラなどの小鳥は利用できるフィーダーもある。

❻ヒマワリの種を食べるシジュウカラ（練馬区光が丘公園）

❼ラードを食べるシジュウカラ（練馬区光が丘公園）

ヤマガラ

芸達者で人懐っこい小鳥の正体は……

❶人の手にとまりピーナツを食べるヤマガラ（東京都渋谷区明治神宮）

ヤマガラは、本来は常緑広葉樹の繁る鬱蒼とした森に棲む鳥だが、都会の公園や人家の庭先にもやってくる。すっかり人に慣れてしまい、初対面の人の手にとまってピーナツなどを食べることもある（**写真❶**）。

昔は縁日で「おみくじ引き」をはじめ「水汲みの芸」「鐘つきの芸」といった芸で人気を集めた。ヤマガラの芸達者ぶりの正体をたどっていくと、彼らが生きていくための巧みな食生活にたどりつくことができる（小山1999）。

❷鈴を鳴らすヤマガラ（長野県松本市白樺峠）

❸筆者の手にのったヤマガラ（撮影:久野公啓）

人とヤマガラとの交流

ヤマガラの行動に特に興味を持つようになったのは、2010年9月に白樺峠でタカの渡りを調査している久野公啓さんと佐伯元子さんを訪ねた時からである。

「リンリン、リンリン」と1羽のヤマガラが鈴を鳴らす（写真❷）。佐伯さんが手を差し出すとすぐさまヤマガラが飛来し、クルミをくわえて林内に消えた。

ヤマガラは鈴を鳴らし、クルミが欲しいことを佐伯さんに伝え、それに佐伯さんが応えたのだ。「リンリン、リンリン」とまた鈴が鳴った。今度は筆者もやらせてもらった（写真❸）。初対面にも関わらず、手に乗ってクルミを食べたのだ。

ヤマガラは、気が向いた時に自らの意志で鈴を鳴らしクルミをもらう。それに二人が応えることを繰り返すことにより、人とヤマガラの信頼関係が築かれたのだ。ヤマガラの芸の根底には、こうした人と鳥との信頼関係と心の交流があるようである。

エゴノキの実を食べる

❹足でエゴノキの実を固定してつつくヤマガラ（千代田区皇居・東御苑）

ヤマガラはスダジイやエゴノキなどの実を好んで食べる。特にエゴノキは、春には白くて清楚な花が美しいため公園や庭木としても人気がある。10月中頃、丸い果実が多数たれ下がる。ヤマガラは細い枝先の実を逆立ちしながらとり、太くて安定した枝へと運んでからつつく。両足で左右から実をしっかり固定し、丈夫な嘴でつつき割って中身を食べる（**写真❹**）。果皮は有毒だが、中の種子は脂肪を多く含み栄養価が高いため、

❺エゴノキの実を貯食するヤマガラ（千代田区皇居・東御苑）

ヤマガラが最も好む食物の一つだ。

細い枝先で種子を採り、安定した枝に戻ってくるまでの行動は、おみくじをとって戻ってくる行動と重なって見えてくる。また、実を割って中身を取り出す行動は、おみくじの封を切って中身を取り出す行動そのものである（小山１９９９）。

ドングリを貯食する

ヤマガラの食生活の特徴の一つは貯食である。エゴノキやスダジイなどの種子を、木の根元、土の中、あるいは樹木の隙間などに隠して備蓄するのだ（写真❺）。餌台でも、ヒマワリの種子を与えると、いろんな方向に運んでは貯食して戻ってくる。貯食した場所を記憶しており、後日、掘り起こして食べる

❻エゴノキの実を地中に隠すヤマガラ（千代田区皇居・東御苑）

（写真❻）。貯食は、ヤマガラが食物不足の冬季を生き延びるのに役立っていることはいうまでもない。こうした食物を「隠す」、「取り出す」という行動は、おみくじを取り出し、運ぶという行動につながっている。

雑草の種子、クヌギのゴール（虫こぶ）

２０１６年11月、ヤマガラがカナムグラの群落で種子を食べるのを観察した（写真❼）。カナムグラは茎に鋭い刺のあるツル植物で、互いに刺を引っかけ合って藪を形成している。ヤマガラは森の鳥だと思っていたが、草原で野草の種子を食べるのを知り驚いたことを覚えている。

また、雑木林でクヌギの花が咲き始めた３月

❼草むらでカナムグラの実を食べるヤマガラ（市川市大町自然観察園）

のこと。花に寄生した虫こぶ（クヌギハケタマフシ）をつつくヤマガラを観察したことがある（写真❽）。虫こぶの中のタマバチの幼虫を取り出して食べていたのだ。この他にも、どんな果実や種子をどのように食べているのだろうか。ヤマガラの器用で多才な食生活の観察が楽しみである。

❽クヌギの虫こぶをつつくヤマガラ（市川市大町自然観察園）

❶カワヅザクラに群がって盗蜜するワカケホンセイインコ（東京都、撮影：松丸一郎）

ワカケホンセイインコ

東京に定着した帰化鳥

緑色の大型のインコが東京の空を飛んでいる。それも1羽や2羽ではない。数十羽、数百羽の大群になることもある。また、よく見かけるのは桜花に群がって花を千切る姿である（写真❶）。赤い嘴、長い尾、濃い緑の翼など、日本の鳥とはどこかちがう。それもそのはず、1960年代のペットブームの時代に輸入されたものが籠抜けや放鳥により野生化した外来種である。原産地のスリランカやインドから遠く離れた日本で定着。東京の住宅地や公園で繁殖し、現在1700羽以上が生息している。熱帯や亜熱帯の鳥が冬の寒さの厳しい日本で定着できたのはなぜだろうか。

足技と舌技で桜花を千切る

❷千切ったカンヒザクラの花を舌で押えて蜜を吸うワカケホンセイインコ（台東区上野恩賜公園）

ワカケホンセイインコをよく見かけるのは春の桜花の季節だ。3月上旬の上野公園では、ソメイヨシノに先がけて開花するカンヒザクラに飛来し濃い紅色の花を次々と千切る。蜜腺のある部分を嘴で千切り、分厚い舌で花を押さえつけて蜜をなめ、すぐさまポイッと捨てる。盗蜜である（**写真❷**）。しかも、頑丈な嘴で小枝ごと折り、枝をがっちりと足指でつかんだまま花を千切ることもあ

❸スダジイの枝で堅いドングリを食べるワカケホンセイインコ（台東区上野恩賜公園）

る。スズメの盗蜜よりもはるかに速く、吸蜜して花を捨てるまでほんの1〜2秒である。たちまちにして辺り一面が切り落とされた花で敷きつめられてしまう。

3月下旬になると、上野公園だけでなく新宿御苑や代々木公園、明治神宮、皇居周辺などでソメイヨシノの花を千切るワカケホンセイインコの姿をよく見かける。

都内各地で木の実を食べる

ワカケホンセイインコの主食は果実や種子である。太くて頑丈な嘴は破壊力があり、果物を齧り、種子を割って食べるのに適している。

改めて都内の公園や人家の庭、道路などを見回してみると、ワカケホンセイインコが好みとしている花や果実が多いことに気づかされる。元々は花好きの日本人が花

❹細枝の先でムクノキの実をついばむワカケホンセイインコ（台東区谷中霊園）

や実を楽しむために公園や人家の庭、道路などに植栽したものだが、四季折々の花や実はワカケホンセイインコにとっては年間を通して貴重な食物源である。ウメ、サクランボ、カリン、ビワ、ピラカンサ、ナンテン、マサキ、ウメモドキ、イイギリ、ハナミズキ、カキなど実をつける樹木はとても多い。

自然観察会などで都内の公園を巡っていると、「えっ、こんなところで何を食べているのかな……？」と思わず足を止めることがある。その一例が1月に上野公園の国立科学博物館前で観察したスダジイだ（写真❸）。常緑樹の茂みの中で5～6羽の群れがドングリを嘴でくわえ食べていたのだ。スダジイのドングリは小粒ではあるが、とても硬い。それを頑丈な嘴で割って食べるのには驚くばかりであった。もう一つは、12月に谷中霊園（台東区）での観察会でムクノキの実をついばむシーンだ（写真❹）。

小粒ではあるが硬い実を割って次々と食べている。スダジイやムクノキは都内の公園や神社、寺院などのいたるところにある。ワカケホンセイインコが東京で定着できる理由の一つとして、都会には餌となる木の実や花が多く、硬い実を割って食べることのできる「頑丈な嘴」を持っていることが挙げられよう。

❺シジュウカラ用の巣箱に入れたヒマワリの種子を食べにきたワカケホンセイインコ（東京都小金井市、撮影:大橋田鶴子）

餌台での給餌と人工餌

厳冬《げんとう》期になると餌台で鳥に給餌をする人が多い。ワカケホンセイインコはもともとペットであったこともあり、人を恐れず見た目も綺麗である。リンゴやミカンなどの果実、ヒマワリの種子、コメやヒエといった粒餌《つぶえ》などを与えると、ヒヨドリやシジュウカラなどを押し退けて食物を独占する強引さもある（**写真❺**）。

人の食べるパンやビスケットといった人工食品を食べ、ジュースなども飲む。原産地では低地から標高1600m付近の山地にも生息しており、ある程度の寒さには適応できる。しかも、給餌によるサポートもあることから日本の冬を乗り越えられているようだ。

世界の都市で暮らすワカケホンセイインコ

ワカケホンセイインコは、原産地のスリランカでは樹木がまばらに生える明るい山野に生息している。東京の住宅地も樹木がまばらに分散しており原産地の環境によく似ている。しかも、日本ではペットを経由して野生化してるので人馴れしやすく、都市環境への適応を容易にしたにちがいない。

一方、原産地のスリランカでも都市化が進み、ワカケホンセイインコの都市進出が見られるという。その背景には、仏教国として生きものを大切に扱い、鳥や動物に施しとして給餌する習慣もある。また、樹洞で繁殖する習性があるため、都市の建物の隙間で営巣するようになった。

ローマ時代からペットとして愛され、今では東京だけでなく、イギリス、ドイツ、ベルギーなど世界30ケ国以上の都市で野生化し繁殖するようになった。

コゲラ

小枝の枝先でも採餌

❶小枝の先端で採餌する軽量のコゲラ（台東区上野恩賜公園）

コゲラは日本で一番小さなキツツキだ。体長15㎝、ほぼスズメ大である。英名はピグミーウッドペッカー（Japanese Pygmy Woodpecker）。体が小さいために堅い木や生木に穴を開けることは出来ない反面、軽量を活かして小枝の先端でぶら下がりながら餌をとることができる（**写真❶**）。本来は林の鳥だが、1980年代に都市に進出。公園や民家の樹木、あるいは街路樹などで繁殖するようになった。

キツツキ類の特殊技能

日本に生息するキツツキ類は、最小のコゲラから最大の

❷長い舌を枯木に差し込んで獲物を探るコゲラ（葛飾区水元公園、撮影：田仲義弘）

クマゲラ（45・5㎝）まで12種類が知られている。アリスイを除いていずれも樹木をつついて中に潜む幼虫を捕食することができる。丈夫で特殊な尾羽で体を支え、4本の足爪は2本ずつが向かい合って木の幹に垂直にとまることができる。こうして樹上で体を安定させ、ノミのように鋭く尖った嘴で枯木を穿って穴を開け、嘴の2倍以上もある長い舌（柔らかい舌骨）をくり出して幼虫を捕食する（写真❷）。しかも、驚くのは、舌の先端には刺があり幼虫を引っかけて引き出すことができる。キツツキの仲間はこうした特殊な体と技能を持つことにより他の鳥が利用できない食物資源を獲得したのである。

枯れた樹木の分解を促進

餌をとるためにキツツキがつつく木の多くは枯木である。枯木は柔らかくて穴を開けやすく、餌になるカミキリムシやタマムシなどの幼虫、アリなどが多くすみついている。

ただし、時には驚くような堅いものをつつくことがある。枯れて堅くなったマダケ（真竹）をつつくのを見たことがある（**写真❸**）。竹をつつくと大きな音が出る。ドラミング（音による求愛）かとも思ったが、1㎝ほどの穴が開いており、明らかに採餌のためであった。昆虫に詳しい山﨑秀雄氏によれば、枯れた竹に潜むトラカミキリの幼虫を食べていたようである。

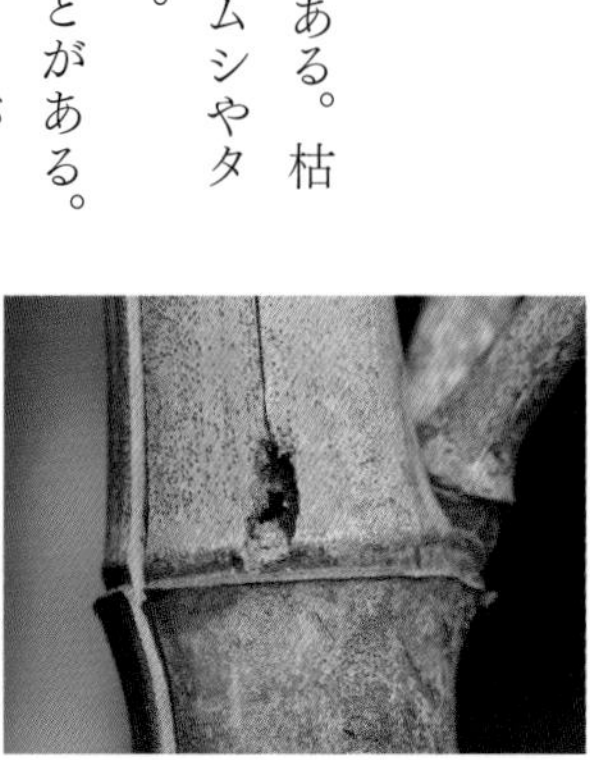
❸枯れたマダケを穿ったコゲラの採餌跡（千葉県鎌ケ谷市市民の森）

果実をつつき、桜花で吸蜜

キツツキは木の実もよく食べる。マユミ、ニシキギ、ツルウメモドキ、アカメガシワ、カラスザンショウ（写真❹）、ミズキ、クマノミズキ、ウルシ、ハゼノキ（写真❺）、ヌルデ、ハリギリなど、どちらかといえば小粒の実を好む。

また、春には桜花で吸蜜するのを目にすることがある。コゲラの嘴は細くとがっているためメジロやヒヨドリのように花に嘴をさしこんで吸蜜する。

3月上旬の上野公園で早咲きの桜でスズメが盗蜜するのを観察していたときのこと。1羽のコゲラが目の前の小枝に飛来してぶら下がり蜜を吸い始めた。嘴の基部には黄色い花

❹カラスザンショウの実をついばむコゲラ（神奈川県相模原市津久井湖城山公園）

❺ハゼノキの実をついばむコゲラ（千代田区皇居・東御苑）

❻桜花で吸蜜するコゲラ。嘴には黄色い花粉がたっぷりついている（台東区上野恩賜公園）

粉がたっぷりついており、あちこちで吸蜜していたことが分かる（写真❻）。コゲラは虫ばかり食べているイメージが強いが、甘党でグルメの一面を持っている。

枯れ草やカマキリの卵のうをつつく

コゲラがつつくのは枯木だけではない。冬季には樹上の小枝でハラビロカマキリの卵のうをつつくのをよく見かける。

２０１７年２月に光が丘公園（練馬区）で自然観察会を行った時のこと。樹上のコゲラがハラビロカマキリの卵のうをつつくのを観察した。卵のうは鳥に食べられないよう丈夫にできてはいるが、コゲラに食い破られた。写真に撮って拡大してみると、卵のうの中に舌を差し入れて卵を食べているのがよく分かる（写真❼）。

また、水辺の草原では一年生草本のオオブタクサが草丈2〜3mにまで生長する。冬季には枯れた太い茎をコゲラがつつき、中から昆虫の幼虫を取り出して食べるのを見たことがある。

コゲラが最も忙しいのは繁殖期である。巣立ちが近くなると、親鳥はひっきりなしに餌をくわえて巣に戻ってくる。何と、嘴には5〜6匹の幼虫をくわえている（写真❽）。虫をどこでどう捕らえたのか、落とさずにどうくわえたのか、何とも不思議である。

❼ハラビロカマキリの卵のうをつつくコゲラ（練馬区光が丘公園）

❽一度に沢山の餌を雛に運ぶ親鳥（葛飾区水元公園）

イソヒヨドリ

磯の鳥が都市に進出

❶フナムシを捕らえたイソヒヨドリ（雄）。コバルトブルーの羽が美しい（千葉県鴨川市）

磯に生息し姿がヒヨドリに似ているので「磯ヒヨドリ」という。しかし、分類的にはヒヨドリ科とは全く別のヒタキ科に属している。

雄はコバルトブルーのとても美しい鳥であり、紺碧の海によく似合う鳥だ（**写真❶**）。日本では海岸地方で子育てを行う。雌は地味な色彩ではあるが雄だけでなく雌も美しい声でさえずる。しかも、飛びながらさえずる姿をよくみかける。

ヒヨドリもイソヒヨドリも何でも食べる雑食性だが、そのルーツ、獲物のとり方、ハビタット（生息場所）などは全く異なる。そんなイソヒヨドリが、海岸だけでなく郊外の駅や大型商業施設、山中のダムサイトなどで繁殖するようになり話題になっている。

小動物を捕食する

❷ムカデを雛に運ぶイソヒヨドリ（雌）。雄に比べて地味な色彩だ（千葉県鴨川市）

千葉県鴨川市のスーパーの駐車場や漁協の建物の隙間などで繁殖したイソヒヨドリを観察したことがある。

雛に運んできた餌は、トカゲ、カナヘビ、昆虫、カニなどの甲殻類、フナムシ、ムカデ、ミミズ、クモ（アシダカグモ）などであった（**写真❷／❸**）。アシダカグモは国内最大といわれ、温暖な海岸地方に多い。夜間にゴキブリ

❸カナヘビとミミズを雛に運ぶイソヒヨドリ（雌）（鴨川市スーパー立体駐車場）

を捕食することでも有名だ。

餌の大部分は小動物だが、マサキやクワ、ピラカンサなどの果実も食べる。

時にはヘビ（幼蛇）やカエルなども捕食する。釣り人が捨てたミルワームも好物だ。トカゲやカナヘビなどを捕らえた時は、獲物をくわえ岩に叩きつけて弱らせてから食べる。

小笠原・父島でイソヒヨドリを観察

イソヒヨドリは岩場や建物の隙間などの奥に営巣するため、巣を見る機会はほとんどない。一方、ヒヨドリは山野の鳥であり樹木の枝に営巣するので、冬になると古巣を見つけることができる。同じように都市環境に進出しても習性は異なる。

小笠原諸島にはスズメもカラスもいない。父島の市街地にいるのはヒヨドリとイソヒヨドリ、メジロくらいだ。そこで、イソヒヨドリとヒヨドリのハビタットを調査してみた。市街地でのイソヒヨドリの主な採餌場所は道路や芝生などの地上であり（写真❹）、屋根や塀などの人工物で休息していた（図1）。これに対しヒヨドリは、樹木を中心に生活しており、めったに地上には降りなかった。

❹地上（芝生）で甲虫を捕らえるイソヒヨドリ（東京都小笠原・父島）

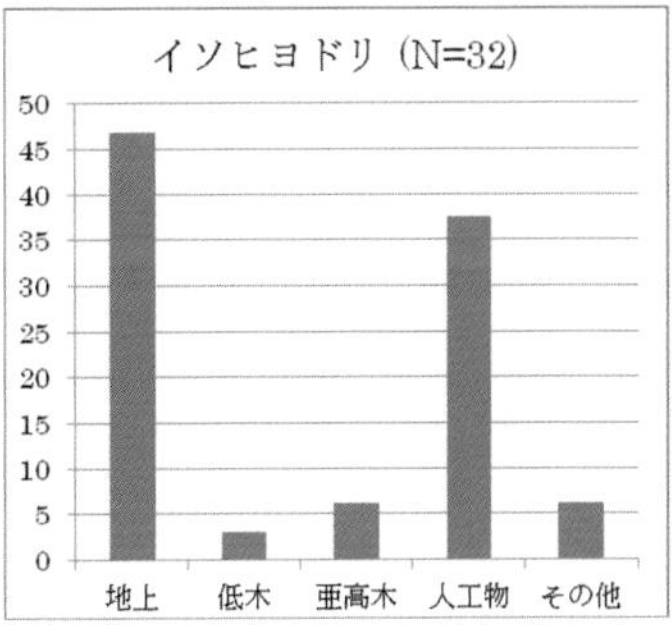

図1　イソヒヨドリの観察頻度（小笠原・父島、唐沢 2019 URBAN BIRDS No.75）

❺路上でパンを食べるイソヒヨドリ（小笠原・父島）

同じ環境で生活していてもヒヨドリとはハビタットが異なり競合しないようだ。

都市環境でくらすイソヒヨドリのもう一つの特徴は、ヒヨドリのように人の食べるパンやビスケットなどを食べることだ（写真❺）。人の捨てる生ゴミなどを食べるのかどうか、今後の動向が注目される。

単独生活を好む山の鳥

イソヒヨドリの本来の生息環境は岩場的環境である。ドバトと同じように、岩や平地の混じる高低差の大きい環境を好む。

ユーラシア大陸に広く分布し、内陸部の岩山で繁殖している。日本のように海岸に生息している方がむしろ例外的である。海岸地方が都市化し、コンクリートの建物ができれば、イソヒヨドリにとっては岩場的な環境が出現したようなものである。しかも、駅のホームや大型スーパーの駐車場などの構築物は隙間が多く、イソヒヨドリの営巣地として最適である。

イソヒヨドリの習性でもう一つ重要なのは単独行動である。同じように単独行動をするモズやジョウビタキの行動によく似ている。単独で獲物を探し、狙いをつけて小動物を捕らえるタイプだ。イソヒヨドリの学名は *Monticola solitarius* である。属名の *Monticola* は、ラテン語の montis（山）＋ cola（住民）、「山の住民」を意味する。種名の *solitarius* は「単独」を意味する。

日本のイソヒヨドリが都市や山中のダムサイトで繁殖するようになったのは、ユーラシア大陸全体の分布域を見ればごく自然のことであり、むしろ、これまでなぜ海岸だけで繁殖していたのかが不思議なくらいである。

トビ

都市に適応した猛禽

❶上空から地上を見下ろしているトビ（千葉県鴨川市）

トビ（トンビ）は翼開長《よくかいちょう》（翼を広げた長さ）が160㎝もあるタカの仲間である（写真❶）。が、「トンビがタカを産む」の諺《ことわざ》のように、タカ（オオタカなど）より低く見られてきた。生きた動物を捕食するだけでなく、死骸や残飯もあさるからであろう。しかし、見方を変えれば自然界のスカベンジャーの役割を担っている重要な鳥である（写真❷）。また、雑食性で人の近くで生息するため人との関係も深いものがある。

オオタカやハヤブサなどの猛禽類が単独で狩りをするのに対し、餌の多い所ではトビは群れ生活をする。非繁殖期には集団でねぐらをとる習性がある。

❷魚の死骸を食べるトビ（千葉県鴨川市）

カラスと生ゴミを争う

トビとカラスは、ともに都市生態系の頂点に立ち食物やねぐらを巡ってライバル関係にある。かつては東京都心にも多数のトビが生息し、自然教育園などで集団ねぐらをとっていた。ところが、高度経済成長やバブル経済をとおしてハシブトガラスが急増し、都心からトビの姿は消えてしまった。たまにトビが都心上空に飛来すると、何羽ものカラスが一斉に飛び立ってしつこく追い回し撃退してしまう。

一方、仙台や札幌、金沢などの繁華街では、早朝にだされた生ゴミをトビやカラスが食べる光景が見られる。地方都市では、まだまだトビの勢力が強く、カラスに負けていない。

❸大量に廃棄された魚に群がるトビ（鴨川市鴨川漁港）

漁港に群がるトビ

海岸に近い都市や漁港では、カラスよりもトビの数が圧倒的に多く、生態系の頂点に立っている。漁港でのお目当ては落ちている魚だ。トビは建物の屋上にずらりと並び、港での作業をじっと見下ろしている。魚の水揚げや選別、出荷までの過程でこぼれ出る魚を狙っているのだ。また、商品にならない傷物や市場に出荷しない魚などが大量に廃棄されることがある。トビにとって漁港は大量に餌を手に入れられる格好の餌場なのだ（写真❸）。ただし、天候によって海が荒れれば出漁しない。全く食物は手に入らない。漁港のトビに

❹急降下して地面に落ちた魚を爪で引っかけるトビ（鴨川市鴨川漁港）

とって最も重要なのは、漁に出た漁船が豊漁で戻ってくるかどうかである。漁港の建物の屋根にずらりと並んで船の帰りをじっと待っているのだ（→P.57）。

漁港でのトビの行動でとても興味深いことがある。その一つは、捨てられた魚を上空から狙うシーンだ。既に死んでいる魚なので、歩いて近づいてもよさそうだが、空中から急降下して魚をかっさらおうとする（写真❹）。地面に接触する直前に翼を広げ、急ブレーキをかける。と同時に、指を広げ、両足を前方に投げ出し爪で魚をひっかけ、鷲づかみにして急上昇するのだ。

その時の爪の先は、尖ったピンセットでつまみ上げるように、実に正確に魚を引っかけ

❺江ノ島商店街のトビに注意の看板（神奈川県藤沢市江ノ島）

るのだ。もしも目測を少しでも間違えれば、爪の先をコンクリートに引っかけてしまうにちがいない。1㎜単位の正確さが求められる物凄いテクニックなのである。

漁港でもう一つ、面白い観察があった。イワシなどの小魚をトラックの荷台にのせて移動する時だ。何羽ものトビが荷台に急降下し、一度に5〜6尾のイワシを鷲づかみにする。しかも、漁師さんたちは全く気にもしていない。実に寛大なのだ。何トンという量のイワシから見れば、微々たるものなのであろう。

弁当を掠め取るトビ

鎌倉や江ノ島など海に近い観光地では「ト

❻鎌倉文学館敷地内のトビに注意の看板（神奈川県鎌倉市）

ビに注意」の看板をよく見かける（**写真❺／❻**）。

お弁当や店で買った食べ物をトビに掠め取られてしまうことがあるのだ。遊び半分に餌を投げ与えたことが原因のようだが、相手が猛禽類なのでとても危険である。

上空から一気に急降下し、気づいた時にはお弁当や手に持っている食べ物を奪われている。翼開長160㎝もある猛禽が、背後から耳元に迫ってくる時の羽音は恐ろしく身震いしてしまう。

チョウゲンボウ

ホバリングして獲物を狙う

小型のハヤブサだが、和名の由来がはっきりしない。地方によってはヤンマのことをゲンザンボウといい、下から見上げた姿がヤンマに似ることから「チョウ（鳥）ゲンザンボウ」。ザンを省略して「チョウゲンボウ」になったという説もある。尾が長く、上空でホバリングする姿は確かにトンボに似ているようにもみえる（**写真❶**）。

猛禽類一般にいえることだが、雌雄で大きさが異なり、雌は雄よりも大きい。

見通しのよい農耕地や河川敷、草地などの上空を飛びながら地上にいる小動物を探して捕らえる。主な餌はネズミ、トカゲ、小鳥、昆虫などである。

かつては河川や海などに面した崖のテラスなど

❶空中を飛翔して獲物を探すチョウゲンボウ（埼玉県三郷市）

で営巣していたが、コンクリートの建物や鉄骨などの建造物で繁殖することが多くなった。

首都圏の周辺部での繁殖

❷鉄骨の陸橋で繁殖中のチョウゲンボウ（三郷市）

東京に近い埼玉県南部や千葉県北西部の田園地帯は都市化が著しく進行している。特に埼玉県の三郷市、越谷市、千葉県野田市などは新しく鉄道や道路が開通し、今や首都圏の流通の拠点でもある。ショッピングセンターや倉庫、鉄骨の橋や大型の立体駐車場などは隙間が多くチョウゲンボウの営巣に適している。また、駅の周辺は宅地化が進みつつあり、宅地と農耕地、耕作放棄地などが混在しており、チョウゲンボウにとっては格好の狩りの場である。駅近くの鉄骨の陸橋にある隙間では何年にも渡ってチョウゲンボウが繁殖している（**写真❷**）。

雛に与える餌

三郷市の陸橋で繁殖中のチョウゲンボウを観察・調査している山部直喜氏に現地を案内してもらった。親鳥が雛に運んでくる餌はとても興味深いものがあった。

獲物を捕らえたチョウゲンボウは、いきなり巣に入ることはない。まずは巣から40〜50m離れたビルの看板や屋上などに止まる。ツバメの幼鳥を捕らえてきた時には、2羽の親ツバメがチョウゲンボウに対して必死にモビングするシーンが見られた。屋上などで捕らえてきたスズメやツバメなどの首を切断し、羽をむしりとるなどして雛に与える下ごしらえをする。ビルの下には、綺麗なカワラヒナの羽が落ちていることもある。

チョウゲンボウのペリット

立体駐車場の鉄骨の隙間で繁殖したチョウゲンボウでも雛に運んでくる餌を調べてみた。ここでは、獲物の処理をどこかで済ませたものを運び込むため、獲物の種類はよく分から

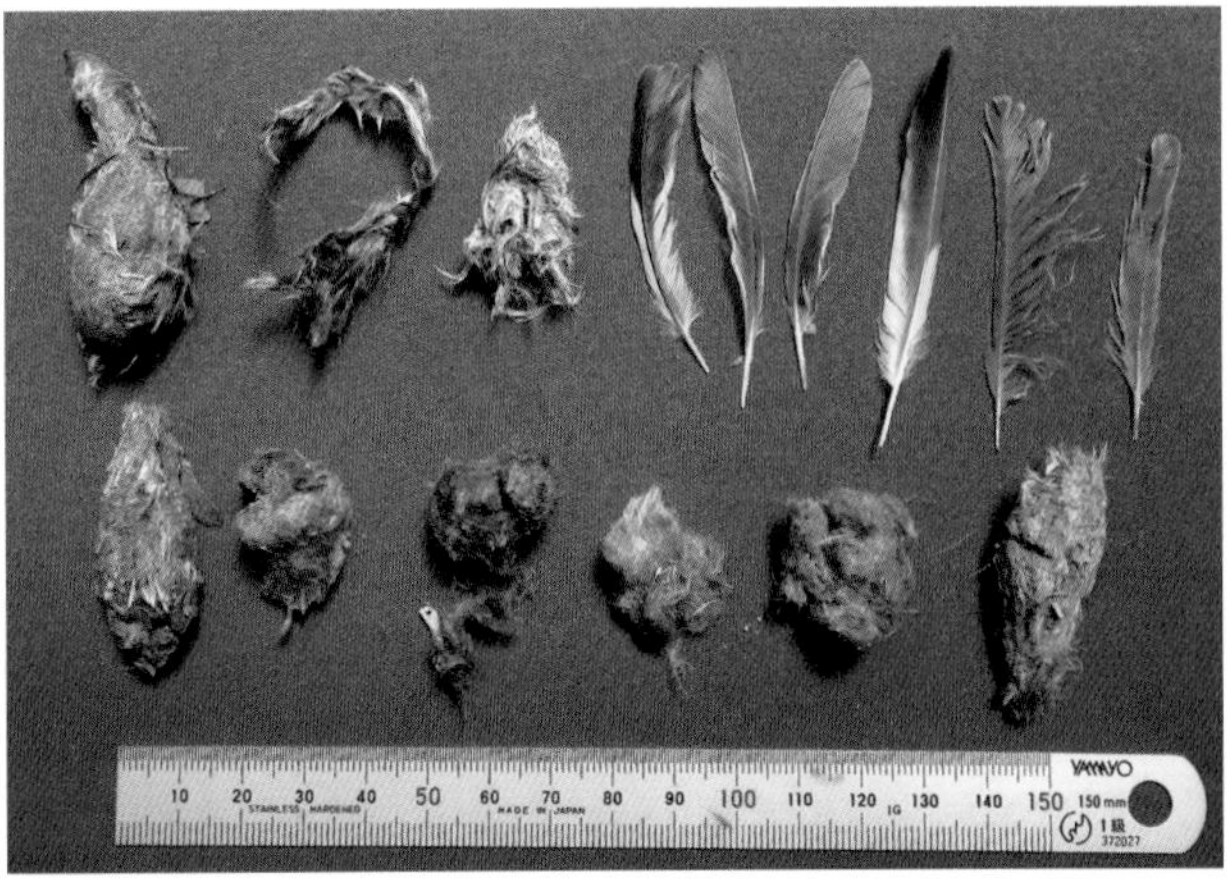

❸チョウゲンボウが巣の近くで落としたペリット（ネズミ類）やキセキレイの羽

ない。ところが、幸いなことに駐車場の下のあちこちにチョウゲンボウが食べた餌のうちで消化できない骨や毛などをまとめて吐き出したペリットが落ちている。ハタネズミなどのネズミ類が大部分であったが、キセキレイなどの羽も見つかった（写真❸）。子育てのために、いかに多くの小動物を捕食しているかがよく分かる。

狩りの武器は「鉤爪《かぎつめ》」にある

多摩川の河川敷でチョウゲンボウがハクセキレイを捕らえるシーンを見たことがある。河原から飛び立ったハクセキレイの体を、一瞬にして鋭く尖った爪で引っかけて捕らえた。

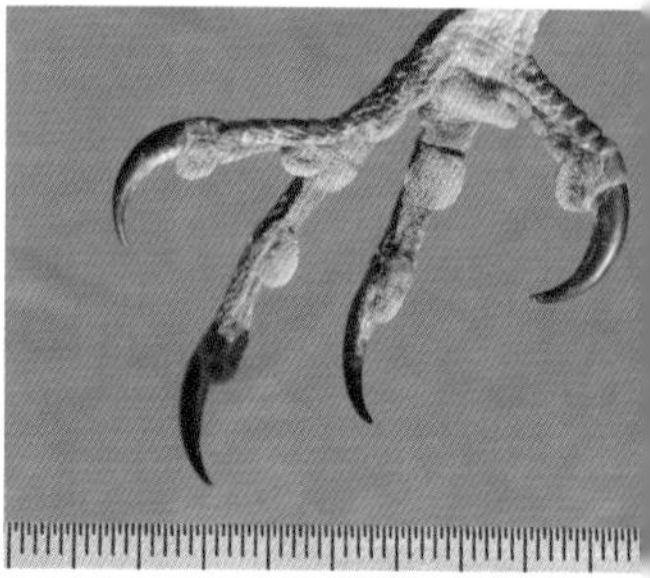

❹チョウゲンボウの細い足と鋭い爪

親指の爪と向かい合った3本の爪がハクセキレイの体に食い込むとロックされて離さない。爪の先がわずかに引っかかった瞬間に狩りは成功したようなものだ。

（写真❹）は、筆者がフィールドにしている江戸川河川敷で拾った死骸の足指と爪である。とても細くて華奢なように見えるが、鋭く尖った爪の先端は針のように鋭く、しかも内側に曲がり、しっかり獲物を捕らえることができる。

都市から高山まで

チョウゲンボウは様々な環境に進出しており、今ではすっかり都市鳥の一員でもある。鉄橋や橋などの隙間で繁殖する場合は、主な狩場は河川敷であり、小鳥やネズミ類を獲物にすることが多い（写真❺）。また、駅前のケヤキで集団ねぐらをとるスズメが、夕方になってねぐらに戻ってくるころ、これをチョウゲンボウが待ち受けて襲うこともある。

また、夏の立山や乗鞍岳でライチョウを観察していると、お花畑の上でホバリングしてい

❺江戸川河川敷のチョウゲンボウ（雄）（市川市）

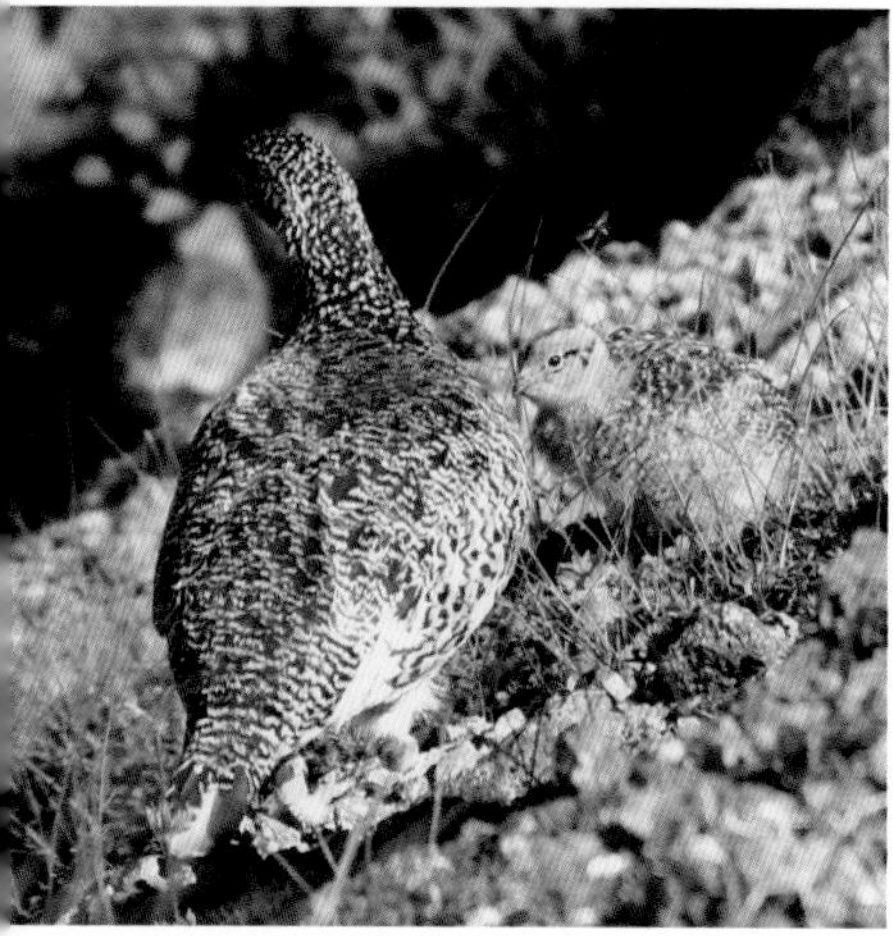

❻チョウゲンボウを警戒するライチョウ親子（富山県立山室堂平）

るチョウゲンボウを目にすることがある。ライチョウの親鳥が雛たちに危険を知らせ、雛たちは一斉にお花畑に身を伏せる（写真❻）。ライチョウの雛の天敵の一つがチョウゲンボウである。

オオタカ

水鳥やカラスを仕留める名ハンター

❶冬の水田でチュウサギを捕食するオオタカ（若鳥）（埼玉県春日部市倉常、撮影：山部直喜）

眼光鋭く強靱な爪をもつオオタカ。いかにも猛禽らしい鳥である。山地の林で繁殖し、冬季には農耕地や市街地にも出現して越冬する。近年、東京都心の明治神宮や自然教育園をはじめとして、各地で繁殖するようになった。生態系の頂点に立つオオタカの食生活を追ってみよう。

サギやカモなどの水鳥を襲う

オオタカの体長は雄50㎝、雌57㎝。オオタカより小さなドバト（33㎝）やコガモ（37・5㎝）を捕食するが、自分より大きなコサギ（61㎝）やダイサギ（80〜104㎝）を仕留めることもある。

冬の多摩川でオオタカがコサギを襲うシーンをみたことがある。肉薄してくるオオタカを右に左にとかわしながら逃げるコサギ。ついにオオタカの鋭い爪がコサギを捕らえた。白い羽が宙に飛び散り、コサギ諸共水面に落下した。オオタカは両足でコサギを押さえて水中に沈めて窒息させ、岸辺へと運び、羽をむしり、肉を引き千切って食べた。山部直喜氏は、埼玉県南部の冬の水田で、チュウサギ（68・5㎝）を捕え内臓を引き千切って食べる生々しいシーンを観察している（**写真❶**）。

ハシブトガラスを捕らえる

自然教育園や皇居・東御苑、明治神宮などでは、ハシブトガラスの翼や足の一部が落ちていることがある。オオタカがカラスを襲って食べた残骸である。

冬の狭山湖ではカラスがオオタカに捕食されるシーンが見られる。岸辺の木にとまっているオオタカを見つけると、数十羽のカラスが取り巻いて威嚇し、追い立てる。オオタカが

❷捕らえたカラスを岸辺に運ぶオオタカ（円内）とそれを追うカラスの群れ（埼玉県狭山湖）

飛び立つと、直ぐにカラスが追いまわす。数に勝るカラスだが、逆に、オオタカに捕食されることがある。オオタカはカラスを捕らえ、そのまま水面に落下。カラスを水に沈めて窒息させる。はばたきながら泳いで岸辺へと運ぶ。水を利用して窒素死させる手口はヒヨドリを水につけたアオサギと同じだ（→P.174）。一つだけちがうのは、仲間が捕らえられ、運ばれていくのを他のカラスが取り巻いて追いかけることである（写真❷）。

仲間を思い、取り戻そうとして追いかけるのであろうか。どうもそうではなさそうだ。というのも、オオタカの食べ残したカラスの残骸を食べるからだ。カラスの共食いである。

膨らんだ砂のう

❸砂のう（矢印）が膨らんでいるオオタカの幼鳥（練馬区石神井公園）

２０１６年7月8日、都立石神井公園（練馬区）で巣立ったオオタカの幼鳥を観察したことがある。池の対岸の大きなスギの木の小枝に止まり動かない。胸のあたりが飛び出るように大きく膨らんでいる（写真❸）。親鳥からの給餌を受け、砂のう（砂肝）に入った食べ物で胸が膨らんでみえるのだ。

鳥は軽量化のために歯を失ったため、噛み砕くことができない。食べ物を丸呑みにし、砂のうの強力な筋肉ですりつぶして消化するのだ。砂のうが膨らみ、枝に止まって休止している時は、満腹なのでしばらくは飛び立つことはない。

❺浜離宮の鷹狩り実演のオオタカ（鈴の他にGPSアンテナがついている）

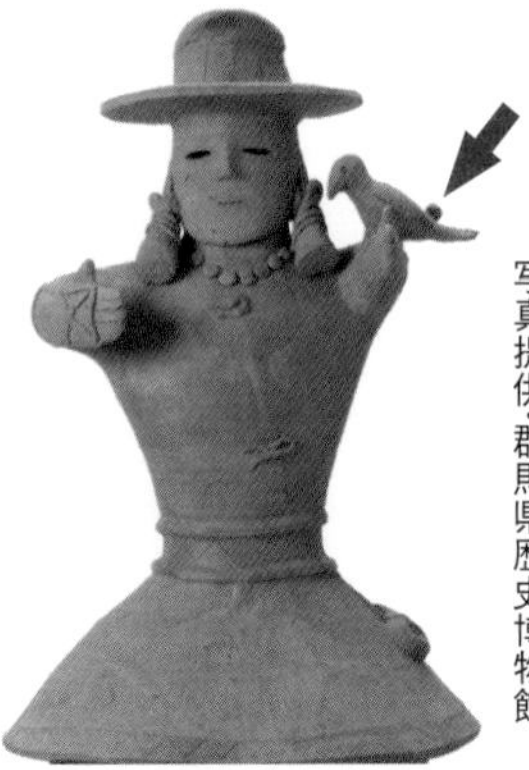

写真提供・群馬県歴史博物館

❹群馬県太田市オクマン山古墳（6世紀）の埴輪（タカの腰には鈴がついている（太田市教育委員会蔵）

オオタカと鷹狩り

オオタカの狩りは大胆であり、よく鷹狩りに用いられる。鷹狩りは単に獲物を捕獲するだけでなく、将軍や大名など特権階級の権威を象徴するものだ。すでに古墳時代には鷹狩りの埴輪がつくられており、タカの腰には鈴がついている（**写真❹**）。獲物を追って飛び立ったタカの居場所を知るためのものだ。浜離宮恩賜公園では今でも正月の行事として鷹狩りの実演が披露される。２０２０年正月に見た放鷹術の実演では、オオタカの腰には鈴の他にＧＰＳアンテナが取りつけられており時代の変化を感じさせる（**写真❺**）。

3章　秋・冬の鳥

モズの高鳴きに秋を感じ、ツグミやアトリの渡来に初冬を知る。鳥たちが告げる季節の変化は、食生活と深く関わっている。

クロガネモチに集うヒレンジャク(大阪府河内長野市寺ヶ池公園公園、撮影:松井一宏)

モズ

小さな猛禽の必殺技

モズは「小さな猛禽」といわれている。嘴の先端は鋭く曲がり、ノコギリの刃のような切れこみがある。獲物を引き裂き小鳥の首などを切断し解体する。気性は荒く、ムクドリより小さな体でありながら自分より大きな蛇や鳥に襲いかかることもある。

肉食性でもっぱら生きている小動物を捕食する。狩りの方法や捕らえた獲物の処理の仕方はモズ独特のものがある。

❶モズの雄（市川市大町自然観察園）

モズの「飛び下《お》り捕食」

モズが一年を通して行う捕食法は「飛び下り捕食」である。農耕地や草原、河川敷などの見通しのよいとところで、地上1～2mの杭や小枝などにとまってじっと地面をみわたして小動物を探す（写真❶／❷）。わずかでも動く姿を見つけるや、急所を狙って飛び下りて捕食する。

一方、捕食される側の動物にしてみれば、上空から突然襲ってくるため、瞬時に逃げなければならない。イナゴやバッタ、カエルなどは、一気に跳躍して逃げるし、トカゲやカナヘビは身を翻して落葉や石の隙間に逃げ込んでしまう。モズは、最初の一撃で獲物を仕

❷モズの雌。じっと地上を見つめて獲物を探す（市川市大町自然観察園）

留めない限り逃げられてしまう。モズが単独で狩りをするのは、全神経を獲物に集中させる必要があるからであり、スズメのように群れたり鳴いたりしない。

飛び下り捕食の他に、空中を飛ぶ昆虫に飛びついて捕食するフライキャッチ法、土中のミミズや草むらの中の昆虫などを探すほじくり物色法、小鳥などを追って捕らえる襲撃捕食法などがある（唐沢1980）。襲撃捕食法は、食物不足の厳冬期に、飢えと寒さで弱っている小鳥を襲うもので、モズもまた飢えに苦しみながらの限界の中で見られる捕食法である。

「ハヤニエ」という不思議な習性

❸カエルを刺してハヤニエにたてている雄モズ（さいたま市秋ヶ瀬公園、撮影:石井秀夫）

モズは捕らえた獲物を小枝の先やトゲなどに突き差したり引っかけたりする習性がある（写真❸）。「ハヤニエ（早贄）」という。贄とは朝廷や神に供する魚や鳥などの貢ぎ物のことだ。

ハヤニエにたてる動物はモズの生息地にくらす動物たちを反映している。農耕地や草原ではイナゴ、バッタ、カマキリなどの昆虫やミミズなどが多い。次いでネズミやモグラなどの哺乳類、スズメやホオジロなどの鳥類、カナヘビ、トカゲなどのハ虫類である。川や池の近くでは、魚類やザリガニ、カエルなどのハヤニエが見つかる（写真❹〜❽）。

モズのハヤニエ　❹オオキンカメムシ、❺コバネイナゴ、❻ミシシッピアカミミガメ（撮影:篠原五男）、❼カナヘビ、❽トウキョウダルマガエル（撮影:石井秀夫）

ハヤニエの意味するもの

モズは、捕らえた動物をなぜハヤニエにするのだろうか。

その理由の一つは「モズの足」にある。モズはスズメ目《もく》の鳥なので猛禽類のように足は強くない。獲物を引き裂く際に足でしっかり固定できない。そこでハヤニエにして固定して引き裂くのだ。ハヤニエは大きな獲物を処理するためのモズの調理法の一つである。

子育ての季節にはスズメの幼鳥をハヤニエにして引き千切り、肉片を雛に給餌する（写真❾）。ハヤニエが目立つのは秋〜冬だが、実は、一年中ハヤニエをたてているのだ。

秋〜冬には、すぐには食べないハヤニエが野外で目立つようになる。秋〜冬のハヤニエにはどんな役割があるのだろうか。

2019年秋の日本鳥学会でモズのハヤニエについて興味深い発表があった。モズの雄は、繁殖が始まる直前の2月ころに縄張り内のハヤニエをすべて食べてしまう。餌の多いところを縄張りにした雄ほど沢山のハヤニエをつくり、ハヤニエを沢山食べる。こうして栄養をつけた雄ほど求愛の歌が魅力的であり、雌とカップルになりやすいという（西田・

❾モズがハヤニエにしたスズメの幼鳥。枝に固定し、引き千切って雛に与える（千葉県千葉市千葉大学構内）

高木2019）。

秋になると、モズはギー、ギチギチギチ……、とけたたましく鳴いて縄張りを争う。モズの高鳴きという。モズの雄たちにとって冬の縄張りの確保は、単に食物確保だけの問題にとどまらず、春の繁殖につながる重要な意味があったのだ。

ツグミ

モグラを利用したミミズ狩り？

❶ナナカマドの実をついばむツグミ（撮影：大橋弘一）

ツグミは冬鳥として渡来し日本各地で越冬する。年によって多かったり少なかったりするのは、繁殖地のシベリアやサハリンから南下してくる途中の地域の餌の量によるものであろう。

繁殖地では美声でさえずるが、日本では越冬中なのでさえずらない。ツグミの名の由来は、夏至を過ぎると口をつぐんで鳴かないからだと言われている。

秋に渡ってきた時には群れているが、冬になるにつれて分散する。また、渡来したばかりの時は山野でカラスザンショウ、ハゼノキ、ナナカマド、ツルウメモドキなどの実をよくついばむ（写真❶）。山

❷ピラカンサの実をついばむツグミ（市川市）

の食物が少なくなると平地に下り、農耕地や河川敷、都市公園などの地上で採餌するようになる。

果実を食べ、水をのみ、雪も食べる

北海道や本州北部の山地に渡来したツグミは、山の果実などを食べながら南下し、厳冬期には暖地の平地へと移動して越冬する。

都会の公園緑地ではトウネズミモチ、イイギリ、クロガネモチ、シロダモ、ハナミズキ、ムクノキなどをついばみ、民家の庭ではピラカンサ（写真❷）、マンリョウ、マサキ、マユミ、ナンテンなどの実をついばむ。

２０１１年1月16日、都立日比谷公園の雲形池で30〜40羽の群れを観察したことがある。次々と岸辺

❸東京都心の日比谷公園の雲形池で飲水するツグミの群れ

に舞い降り、集団で飲水していた（写真❸）。また、江戸川の河川敷では、雪をついて食べるのをみたことがある。都心の公園に突然群れが飛来することもあるが、年によってはまったく姿をみせないこともある。越冬中にどこで何を食べ、夜はどこでねぐらをとるのかなど、その生態はいま一つ明らかではない。

ミミズやゴカイを捕らえる

冬の河川敷や公園では、スズメやムクドリが何十羽、何百羽の大群で採餌しているのに対し、ツグミは単独かせいぜい数羽で採餌していることが多い。地上をホッピングしながら数歩すすんでは立ち止まり、草の根元や落葉の中に潜む小動物を探す。農耕

❹ミミズを土中から引き出すツグミ（市川市江戸川）

地や河川敷で捕らえる餌で最も多いのはミミズである。

ミミズを見つけるとダッシュして嘴でミミズを挟んで捕らえる。土の中に嘴を差し込んでミミズを引き出すこともある。ミミズが大きい場合は、引っ張ってもぜんぶ引き出せない。すると、一旦引っ張るのをゆるめ、ミミズが縮もうとしたところを一気に引っ張り出してしまう（写真❹）。

また、河口や海岸の干潟にも進出し、シギやチドリのように泥の中からゴカイを引き出して食べる。

モグラを利用したミミズ狩り？

それにしても、土中にいるミミズをどのように見つけるのだろうか。時には、嘴を左右に振って落葉や土を払いのけ、土中に嘴を突っ込んで捕らえることもある。

　江戸川土手のモグラ塚の近くでミミズを捕らえるシーンを見たことがある。立ち止まったツグミがじっと地面をみつめている。その視線の先の地面がわずかに動いた。ツグミは地面に飛びつくように嘴でつつきミミズを引き出したのだ。

　ミミズにとって最も恐ろしい捕食者はモグラであり、モグラの発する振動が近づくと地表に逃げ出てくると言われている。それをツグミが捕食するのだ（写真❺）。石井秀夫さんは埼玉県南部でモグラが追い出したミミズをシロハラが捕らえるシーンを観察したという。地上で採餌するツグミやシロハラ、トラツグミなどの中には、モグラの行動を利用してミミズを捕食することを学習した個体がいるようである。

　アメリカでは、ミミズが恐れるモグラの振動を積極的に利用してミミズを土中から追い出して捕獲するワームグランティング（worm grunting）という技法がある。釣り用のミミズを採集するために開発したもので、土に差した棒をこすって振動させるものだ。

　実は日本でも、高知県の猟師の間では、棒一本で地表や落葉を揺すって、いとも簡単にミミズを追い出して捕らえる方法が昔から伝えられている。長さ1mほどの木の枝を土中20㎝あたりまで差し込み、地面と平行にゴソゴソと振動させる。するとモグラが来たと思

❺江戸川の土手でモグラを利用してミミズを捕らえるツグミ（円内）。写真右の土の塊はモグラ塚（市川市）

い、ミミズは次々と地表に飛び出てくる。一回に50〜60匹も出てくることもあるという。捕らえたミミズはウナギの餌として利用する（宮崎・かくま2001）。

一方、ツグミはミミズだけでなく地表付近にいる小動物ならなんでも捕食する。特に春先になると食欲が増してくる。体脂肪を蓄えて渡り時のエネルギーを備えねばならないからだ。ツグミの体重は秋の渡来時は約75gである。それが渡去直前の4月下旬〜5月上旬には100gを超え、時には107gという計測結果もある（藤巻1991）。何と体重が30％も増える。体重の変化が少ないスズメやホオジロなどの留鳥とは大違いである。

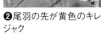

レンジャク

謎だらけの鳥

❶尾羽の先が緋色のヒレンジャク

❷尾羽の先が黄色のキレンジャク

レンジャクは漢字で「群雀」。群れをなす雀を意味する。尾羽の先端が緋色なのはヒレンジャク、黄色なのはキレンジャクという（写真❶／❷）。北国で繁殖し、日本には冬鳥として渡来し越冬する。頭には冠羽《かんう》があり、とてもカラフルな鳥だ。

次列風切羽《じれつかざきりばね》の先端からロウ物質を分泌するので英名はwaxwingというが、ロウ物質の役割は明らかではない。首都圏とその周辺では2月ころに飛来しヤドリギの実を食べる。しかし、いつ、どこに、何羽で現れるかなどは予測しにくい。その理由は、彼らの食物が主に果実であるため、北方での果実の稔り具合の影響を受けやすいから

❸ケヤキに寄生した多数のヤドリギ（山梨県山中湖村）

だといわれている。

ヤドリギの実を食べるレンジャク

ヤドリギは常緑低木であり光合成をすることができる。しかし、根がない。ケヤキやコナラ、サクラ、シラカンバなどの幹や枝に寄生し、宿主から水分を吸収して光合成をする半寄生植物だ。冬、宿主が落葉すると、ヤドリギの緑のかたまりがよく目立つ（**写真❸**）。

ヤドリギは秋に、いかにも美味しそうな果実をつける。ところが、レンジャクは食べるが（**写真❹**）、その他の鳥は見向きもしない。稀にヒヨドリが食べることもあるが、好んで食べるというよりも間違って食べてしまった

❹ヤドリギの果実を食べるヒレンジャク（さいたま市秋ヶ瀬公園）

ようである。というのも、ヒヨドリの好物であれば群れで飛来して一気に食べ尽くしてしまうからだ。ヤドリギの果実はレンジャクが食べない限りいつまでも残ってしまう。

では、なぜレンジャクは食べるのだろうか。そこで恐る恐るではあるが食べてみた。わずかに甘みがあるものの、口や喉がネバネバしてきた。うがいをしても取り除けない。もう二度と食べる気にならなかった。では、なぜレンジャクはよく食べるのだろうか。ひょっとしたらレンジャクはヤドリギに騙され、食べさせられているのではないだろうか。

ヤドリギとレンジャクの不思議な関係

レンジャクだけがなぜヤドリギを食べるのかははっきりしない。ただ一つ言えることは、ヤドリギの果実を食べ終えると決まって水を飲むことだ（写真❺）。水を飲むだけでなく雪

❺ヤドリギの実を食べた後に必ず水を飲むヒレンジャク（山中湖村）

を食べることもある。

何十羽ものレンジャクが水辺に集まって水を飲むシーンを何回も見たことがある。レンジャクの観察地としては秋ヶ瀬公園（埼玉県）や山中湖（山梨県）、昭和の森公園付近（千葉市）などが知られているが、いずれも近くには水場がある。ヤドリギの果実を食べた後、口や喉のネバネバ感を取り除くためであろうか、決まって水を飲む。水を飲んだ後は近くの樹木の枝に止まり食休みをする。

食休み中、不思議なことがおこる。今食べたばかりのヤドリギの種子を肛門から排泄するのだ。それも一個や二個ではない。五個、十個の種子が数珠つなぎになってお尻からぶら下がるのだ（写真❻）。納豆の豆のようにぶ

❻ヤドリギの種子を排泄するレンジャク（山中湖村）

ら下がった種子は樹木の枝や幹に付着し、春に発芽する。こうしてヤドリギは木から木へと種子を散布し、分布を拡大させていく。食べた樹木の枝で食休みをして種子を散布することも多い。一本のケヤキに何十本ものヤドリギが寄生しているのはそのためである。

また、ヤドリギの果実には鳥に種子散布させるための巧妙なしくみがある。外側の果皮を除くとぬるぬるとした果肉があり、消化管の中を素通りしやすい。水を飲めばさらに早く排泄される。

また、果肉の中にある種子には白い筋がつながっており、種子の表面はベタベタした粘着質の層でおおわれている。白い筋は丈夫で伸縮性にすぐれており、何と2億倍以上も伸びる能力があり、樹木に引っかかる。

❼地上でジャノヒゲの果実を食べるヒレンジャク（さいたま市秋ヶ瀬公園）

ヤドリギの種子は、地上に落ちると発芽しても生き残れない。根がないため水分を吸収できないからだ。樹木から樹木へと運ばれねばならない。その仲立ちをしているのがレンジャクである。

ジャノヒゲの果実を食べる

レンジャクはヤドリギの他にも、ガマズミ、ズミ、ナナカマド、トウネズミモチ、クロガネモチなどの樹木の果実も食べる。また、樹木だけでなく、青く光るジャノヒゲ（リュウノヒゲ）などの草本の実を食べることもある（**写真❼**）。

ジョウビタキ

日本での繁殖が急増中

❶越冬中のジョウビタキ（雄）（神奈川県小田原市小田原城址公園）

ジョウビタキは全国各地の平地から低山の明るい林で越冬し、農耕地、住宅街、公園、河川敷などに生息する。ヒッヒッという独特の鳴き声、頭を下げて尾を細かく振る行動、翼にある白い斑紋などでおなじみである（写真❶）。

中国、ウスリー、サハリンなどで繁殖し、インド南部、中国や日本などで越冬している。これまで日本では冬鳥であった。ところが近年、本州中部や山陰などの山地で繁殖するようになり、留鳥化が進んでいる。

❷バックミラーに写った自分の姿を攻撃するジョウビタキ（野田市三ツ堀里山自然園、撮影:石井秀夫）

冬の単独縄張り

ジョウビタキの越冬生活で重要なのは「単独の縄張り」である。モズと同じように、冬季は縄張り内で生活する。雄も雌も若鳥も、すべて単独で冬を乗り越えねばならない。縄張りを巡る闘いは厳しく、足で蹴りあうこともある。車のバックミラーに写った自分の姿を侵入者と間違えて攻撃することもある（写真❷）。

縄張りが確立すると闘いは収まる。縄張り内のフェンス、低い枝、杭などを移動しながら餌を探すようになる。

❸地面を見おろしているジョウビタキ（雄）

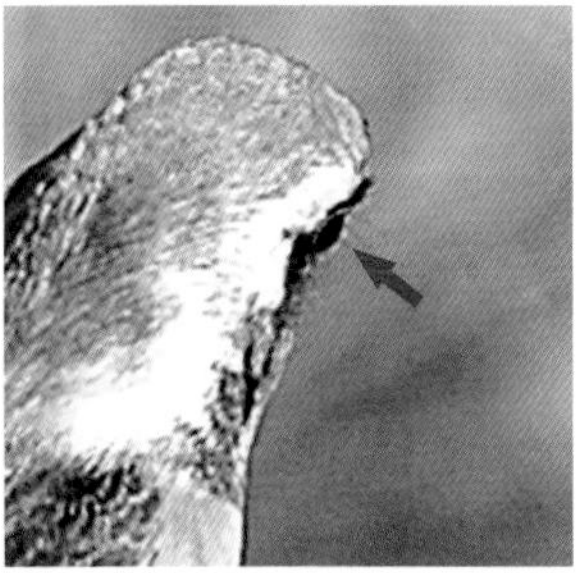
❹写真❸の頭部を拡大した後ろ姿。目（矢印）は後方もみえている（千代田区皇居・東御苑）

飛び下り捕食

ジョウビタキの冬の縄張りは、冬季の食物を確保するためのものだ。縄張り内での餌の採り方はモズの飛び下り捕食法とほぼ同じだが、狙っている獲物は地上付近にいる昆虫や小動物である。そのまま呑み込めるものばかりなので、ハヤニエにたてることはない。また、モズのようにハヤニエを引き裂くのに適した猛禽類のような嘴をもっていない。

低い枝や杭などに止まり、地上の小動物を探す。全神経を集中させ、狙いすませて飛び下りるのもモズと全く同じだ。繰り返すようだが、スズメやムクドリのように群がって賑やかに鳴きながら採餌することはない。

枝に止まりじっと地上を見ていたジョウビタキが、見て

❺地面をじっと見ているジョウビタキ（雌）（千代田区皇居・東御苑）

いるのとは別方向に飛び下りて獲物を捕らえることがある。なぜだろうか。実は、ジョウビタキの視野はとても広いのだ。目は頭の側面につき、眼球が凸レンズのように飛び出ている（写真❸／❹）。駅や通りに設置されている監視カメラの広角レンズのように視野が広いのだ。地上の獲物を探しながら、空中を飛ぶ昆虫もみえるし、上空から襲ってくる猛禽にも気づくことができる。

人との信頼関係

越冬中のジョウビタキは、縄張り内に定着して生活しているため、同じ人と顔見知りになることがある。畑で農作業をしている人のすぐ横にまできて、じっと作業を見ていることがある。お目当ては土を掘り起こした時に出てくるイモムシやミミズなどだ（写真❺）。ジョウビタキにしてみれば、自分の縄張りの中で人が小動物を掘り出してくれるようなもの。人を利用したオートライシズムである（↓P.56）。農家の人もよく分かっており、幼虫を掘り出すと無言でジョウビタキに投げてやっている。鳥は人を恐れることなく、人もまた鳥の生活をそっと見守っている。しかも、一度成立したこうした関係は一冬に留まらず、何年も続くことがある。

急速に拡大する繁殖分布

山陰や中部日本では、近年、ジョウビタキの繁殖が急増している。岐阜県高山市では２０１５年に初めて2カ所で繁殖し、その後、２０１６年15カ所、２０１７年31カ所、２０１８年には53カ所に増加している（宝田・大塚２０１９）。また、八ヶ岳南麓でも２０１０年から繁殖しており、２０１８年には１６０カ所以上で繁殖している（石井・山路・一ノ瀬２０１９）。雛への給餌は、蝶や蛾、コガネムシ科の幼虫などである。

関東地方の山間部でもジョウビタキの繁殖が確認された。２０１８年8月11日、群馬県北西部にある新鹿沢温泉（嬬恋村）で本多滋和氏が餌をくわえているジョウビタキの雌を撮影した（写真❻）。8月16日、筆者は日本野鳥の会・吾妻支部の植木正勝氏と新鹿沢温泉にでかけ、繁殖を終えた家族群を確認した。地元の人からは8月14日に巣立ったとの情報を得た。関東地方における繁殖の初記録である。また、2013年6月には嬬恋村車坂で、2016年には嬬恋村細原で雄のさえずりが観察されていることが分かった。関東地方の山間部では2010年代はじめには繁殖していた可能性がある。

❻関東地方における繁殖の初記録となったジョウビタキ（雌）（群馬県嬬恋村新鹿沢温泉、撮影：本多滋和）

ジョウビタキは人工的な建物で営巣することから、今後の人との関係や別荘地や村落への進出が注目されている。

アトリ

40万羽の大群に息をのむ

❶飲水する越冬中のアトリ（千代田区皇居・東御苑）

アトリの名はアツドリ（集鳥）の略。群れる習性に由来している。すでに日本書紀に登場し天武天皇の七年に「蠟子鳥《あとり》、天を幣《おほ》ひて、南西より東北に飛ぶ」とある（菅原・柿澤1993）。大群での移動を吉凶として記録したのであろう。現在でも、突如として大群が現れ人々を驚かせ、新聞やテレビをはじめネット上でも話題になる。いったいアトリとは何ものだろうか？

身近な公園で越冬

アトリはスズメより少し大きめ。黒色や橙色がまじったやや地味な印象の小鳥だ。アトリ科の鳥にはカワラヒワやウソ、シメ、イカルなどがいる。いずれも太くて頑丈な嘴をもち、木の実やヒマワリの種子などを上手に割って食べる。アトリは冬鳥として日本各地に渡来し、秋には山地の林で木の実を食べ、山に木の実が少なくなると平地に下ってくる。

2〜3月ころ、東京都心の上野公園、明治神宮、新宿御苑をはじめ、郊外の光が丘公園（練馬区）や水元公園（葛飾区）でも十数羽の群れをよく見かける。ケヤキやハンノキの実などを食べ、餌台にも飛来し、水も飲む（**写真❶**）。ごく普通の冬鳥のようにみえる。

視界を遮るアトリの大群

普通の冬鳥と思っていたアトリが、突如として数万羽、数十万羽の大群で飛来し度肝を抜かれることがある。

2016年2月22日、栃木県鹿沼市の水田地帯で約40万羽のアトリの大群を観察した。アトリが天を覆い、視界を遮り、巨大な竜巻のように上昇し、一気に下降してくる。農道を走る車が立ち往生し、自転車に乗った地元の中学生が行く手を阻まれ、呆然として立ち

❷40万羽のアトリの大群を前に呆然とする少年（栃木県鹿沼市）

尽くす姿が印象的であった（写真❷）。快晴というのにアトリの大群が大空を覆い隠してしまい日光連山が見えなくなってしまった。

胃袋を支えているのはなに？

40万羽のアトリの大群は、一体何を食べているのだろうか。1羽の食べる量が一日に30gと仮定した場合、40万羽では12トン。4トントラック3台分に相当する。そんな大量の餌が冬の水田のどこにあるのだろうか？

アトリたちが舞い降り、一斉に餌をついばんでいたのは水田の稲穂であった。それも横倒しになり、半分は土砂で埋まっている。実は、この一帯は前年の2015年9月9〜11日に襲った「関東・東北豪雨」で被災した水田地帯である。土砂混じりの稲穂が放置されており、その大量の米粒をついばんでいたのだ（写真❸）。水田で食事をしたアトリたちが向かうもう一つの場所が川原である。川原の水辺はアトリの大群で埋めつくされ、飲水しては次々と飛び立って落ち着かない。

それにしても広大な関東平野のなかから、水害にあった稲穂をアトリたちはどのように見つけ集まってきたのだろうか。偶然だろうか、それとも特殊な能力があるのだろうか。ここに飛来する前にはどこで何を食べていたのだろうか。謎めいた鳥である。

❸水害に遭った水田の稲穂をつつくアトリの大群

群れを狙う猛禽類

遮るものが何一つない広大な北関東の水田地帯にこれだけ目立つ小鳥の大群がいる。アトリの大群を狙う捕食者はいないのだろうか。視力のいい猛禽類が見逃すはずはあるまい。

彼方からゆっくりと接近してくる1羽の猛禽を見つけた。

ノスリである。オオタカやハイタカ、トビ、チョウゲンボウなどもやってくる。いずれも単独で飛来する。そのたびにアトリは一斉に飛び立ち、大きく旋回して空を埋めつくす（写真❹）。

ハヤブサが1羽のアトリを捕らえ、電柱に止まって羽をむしっている。チョウゲンボウは鋭い爪でアトリを引っかけるよう捕らえる。圧巻は1羽のハイタカがアトリの群れに突っ込んでいくシーンだ。両翼をたたみ、ロケット弾のように一直線に急降下する。アトリの群れがばらける。ハイタカはそのまま群れを通過し狩りは失敗。数が多すぎて狙いが定まらないようだ。何回か失敗し、ようやく1羽のアトリを捕獲した（写真❺）。

❹アトリの群れに飛び込んだオオタカ（撮影:篠原五男）

❺アトリを捕らえたハイタカ（撮影:内田孝男）

2日後の2月24日、大空を埋めつくしていたアトリの大群が、忽然と鹿沼市の水田から姿を消してしまった。

4章　水域の鳥

池や川は水鳥たちの聖域である。カモやサギ、カワセミたちの魚の捕食シーンは、バードウオッチングの楽しみの一つである。

潜水して魚を捕らえたカイツブリ（東京都町田市薬師池公園）

カワセミ

海に出たカワセミ

❶水面をみつめるカラフルなカワセミ（雌）（市川市大町自然観察園）

　カワセミは空飛ぶ宝石といわれている。祖先が東南アジアの熱帯を起源にしていることと関係しているためか、頭と背はエメラルド、胸から腹部は橙色、足はサンゴといったカラフルな色彩で、鳥類界きっての美しさである（写真❶）。

　この美しさ、カワセミの生存にとって重要な意味がある。猛禽類が上空からカワセミを見下ろしたとき、晴天の日には水面の青い色にカワセミのエメラルドが混じって見分けにくくなる。曇天の日には、エメラルドの色彩は灰色にくすんでしまい水面の色に溶け込んでしまう。エメラルドの色彩は構造色といって色素ではなく光の反射具合によって変化するからだ。また、エメラルドの背と橙色の腹の色分けが明瞭なため、１羽の鳥としての輪郭が失われやすい。緑葉をバックにして静止していればまず見つかることはない。カラフルでよく目立つ色彩をうまく利用し、水辺の環境に適応している。

スズメほどの小さな鳥だが、輝く体色、長くて真っ直ぐに伸びた嘴、大きな頭、短い首、短い尾など、すべてが水に飛び込んで魚を捕らえるために特化している。水の抵抗なく飛び込める嘴の構造は新幹線５００系の先頭車両の形状にも採用された。カワセミについて知れば知るほどその凄さに驚かされる。

「海セミ」ってどんな鳥？

山の渓流に生息するのはヤマセミ、川に生息するのはカワセミだ。名の「セミ」は、魚を捕らえるために「瀬を見る」に由来するともいう。では、海に生息すれば「海セミ」といってもよさそうだ。実は、カワセミが磯や港などの海で魚を狙っているのをよく見かける。

❷海（磯）に出て魚を狙うカワセミ（鴨川市）

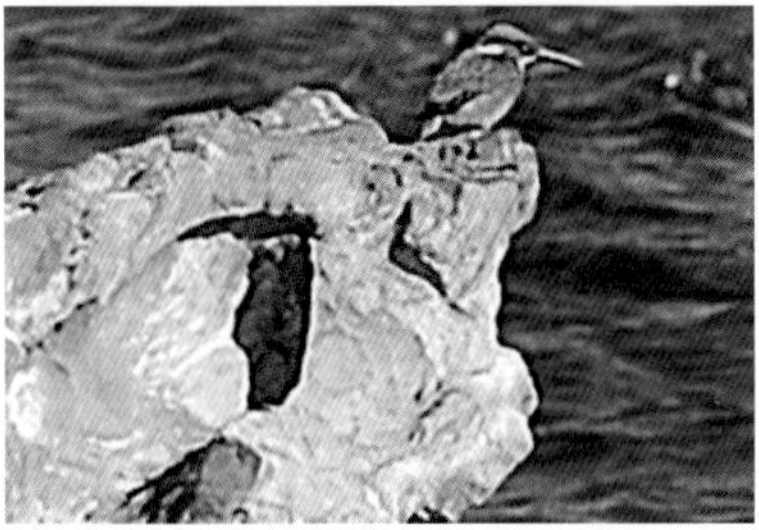

❸ 写真❷のカワセミ（円内）を拡大したもの

筆者は、カワセミは淡水の河川や湖沼などに生息するものと信じていた。ところが、千葉県鴨川市にある磯で、海水に飛び込んで魚を捕らえるカワセミを見て衝撃を受けた。紺碧の海を背景にしてエメラルドのカワセミが岩場に止まると、海面の青にすっかり溶け込んでしまう（写真❷／❸）。上空から狙う猛禽類には見つかりにくい。

捕らえる魚は、当然のことながら海水魚ばかりだ。キヌバリ、シマハゼ、イソハゼなどのハゼ類、ソラスズメダイ、オヤビッチャなど。この他にも、様々な魚の稚魚も生息している。カワセミにとって磯は格好の餌場である。地元の漁師の話によれば、カワセミは昔からタイドプール（潮溜《しおだま》り）で魚をとっていたという。これほど豊かな海の食物資源をカワセミが見逃すはずはないだろう。

カワセミの漁法

❹／❺捕らえたアメリカザリガニを枝に叩きつけるカワセミ（市川市大町自然観察園）

カワセミの体は、頭が大きく嘴は真っ直ぐで長い。体の重心が前方にある。ロケットのように高速で水に飛び込める。岸辺の枝や岩の上から飛び込むが、適当な止まり場がないときは空中でホバリングしながら魚に狙いをつけて飛び込むこともある。

水中で魚を捕らえ、羽ばたいて岸辺の枝などに戻る。捕らえた獲物が大きいと、枝や石などに叩きつけ、骨などを柔らかくしてから呑み込む（**写真❹／❺**）。自分で魚を食べる時は、ひれが喉に引っかからないよう頭から呑み込む。雄が雌へ求愛給餌したり、雛へ給餌する場合は、魚の尾をくわえ頭を差し出して与える。ひれがのどに引っかからないようにという思いやりである。ザリガニの場合は、はさみが喉に引っかからないよう尾側から呑み込む。

カワセミが捕らえた赤い魚

港区にある自然教育園でカワセミが繁殖した。周辺は高速道路やビルが取り囲む東京の都心である。どんな餌をどこで捕らえて雛を育てているのだろうか。

自然教育園のカワセミの生態を調査研究してまとめたのが矢野亮著『カワセミの子育て』であり、都会ならではの興味深い生態が紹介されている。

自然教育園のカワセミが雛に運んできた主な餌は、モツゴ、メダカ、ヨシノボリ、ドジョウ、スジエビ、アメリカザリガニであった。さらに真っ赤な金魚が運ばれてきた。しかも、雛の餌全体の1割以上を占めることもあった（**写真❻**）。

園内の池には金魚はいないので、園外のどこかで捕らえたことになる。金魚の養殖池があるのは、2・5㎞もはなれた六本木6丁目。そこで金魚泥棒をした可能性が高いのだが、本当だろうか。思わぬことからこの疑問が解決した。2000年春、六本木ヒルズの建設に伴い金魚屋が廃棄。その後、カワセミは金魚を運んでこなくなったのである。

❻金魚を捕らえたカワセミ。（撮影:越川耕一）（神奈川県横浜市妙蓮寺菊名池公園）

矢野亮氏の著書でもう一つ興味深いことがある。雛の餌のサイズである。雛が小さい時には小さな魚を、大きくなると大きな魚を与える。猛禽類の場合は、大きな獲物を捕獲しても千切って雛に与えることができる。しかし、カワセミは魚を丸呑みにするので、雛の身の丈にあったサイズの魚が必要なのだ。そのためには、魚種が多様であり成魚も稚魚もいた方がよい。魚が産卵し、孵化した稚魚が成魚に育ち再び産卵できる環境が重要である。カワセミの繁殖のためには、魚や水生動物も繁殖できる環境が重要である。

カルガモ

10羽もの子どもを育てるシングルマザー

❶川岸でイネ科植物を食べるカルガモの雌雄（市川市大柏川）

カモ類の多くは雄が派手で雌は地味である。その代表例がオシドリである。ところがカルガモは雌雄同色だ（写真❶）。しかも、カモ類の多くは北国や山地から越冬のために飛来する冬鳥であるのに対し、カルガモは一年を通して同じところに生息する留鳥である。カモ類の世界では異色な存在と言ってよいだろう。

東京都心の大手町の人工池で子育てし、可愛い雛が話題になったこともあり、カルガモの知名度は抜群である。しかし、夜行性のために日中は休息していることが多い。身近な鳥ではあるがその生態は分からないことが多い。

❷イネ科のスズメノカタビラを食べるカルガモ（市川市江戸川）

解明されていない夜間の行動

公園の池などにいるカルガモは、人の与えるパンなどを食べる。しかし、本来は何を食べているのだろうか。

陸上ではイネ、イヌビエ、タデ、カヤツリグサ、スズメノカタビラ、アザミなどの種子をはじめノブドウ、ノイバラ、コマツナギなどの果実も食べる（**写真❷**）。

夜間に稲の穂をしごいて食べるので、農家では害鳥として嫌われている。日本鳥学会の２０１９年大会では、伊豆沼・内沼周辺（宮城県）で２羽のカルガモにＧＰＳによる位置情報を発信する装置をとりつけて行動を追跡する研究発表があった（嶋田他２０１９）。それによると、カルガモは夜行性であり、夜間に狭い用水路で採餌していることが確認された。

一方、都会のカルガモは日中でも採餌している。六義園（文京区）やじゅん菜池緑地（市川市）では、日中に岸辺や林内に落ちているドングリを食べるのをよく見かける（写真❸）。

❸ドングリ（マテバシイ）を食べるカルガモ（市川市じゅん菜池緑地）

硬いドングリをそのまま丸呑みにし、砂のうですりつぶして消化吸収を行う。

都会のカルガモが日中にも活動する理由の一つに、アヒルとの交雑による雑種化が指摘されている。アヒルは野生のマガモを家禽化したもので昼行性である。カルガモの雑種化が昼行性に影響を与えた可能性がある。実は、マガモとカルガモはＤＮＡレベルではほとんど差異はなく交雑が可能である。

川や池では水草、藻などを食べる。逆立ちして長い首を伸ばして水底の水草を食べる。また、湖沼や河川などで越冬中のハクチョウやガンなどに給餌している

❹捕らえたアユを奪い合うカルガモ（静岡県三島市柿田川）

ところでは、人の与えるパンや穀類などもよく食べる。

魚やカエルを捕食する

カルガモは植物の葉や実などを食べる植物食の鳥と思っている人も多いかも知れない。ところが、昆虫や魚、カエル、巻き貝などの動物もよく捕食する。

筆者がこれまでに観察した中で最も驚いたのは、カルガモがアユを捕食したことだ。２００６年12月２日、富士山からの伏流水が湧き出ることで知られる柿田川（静岡県三島市）でアユを観察していた時のことだ。群れなして遡《そ》上《じょう》するアユを、１羽のカルガモが捕らえ、これを他のカルガモが追いかけてアユの奪い合いが始まった（**写真❹**）。アユといえば清流の女王ともいわれ、美しい流線型をしており泳ぎも素早い。一方、普

❺ブラックバスを捕食するカルガモ（撮影：古屋真）（練馬区石神井公園）

段目にしているカルガモはのんびりと惰眠をむさぼっているかにみえる。そのカルガモが素早いアユを捕らえて呑み込んだのだ。この時以来、筆者のカルガモを見る目はすっかり変わってしまった。

練馬区の石神井公園ではカルガモがブラックバスを捕食するシーンが観察されている（写真❺）。さらに驚いたのは、長野県でオイカワを食べた事例である。狩猟されたカルガモの消化管などから3〜7㎝大のオイカワが30尾も出てきたのだ（水野2006）。こうした事例は簡単に観察できるものではないが、カルガモには魚を捕食する能力が十分にあることを教えてくれる。

10羽の子どもを育てるシングルマザー

カモ類の産卵数は、オシドリ9〜12個、マガモ6〜12

❻10羽の雛をつれて移動するカルガモの雌親(越谷市花田苑)

個、そしてカルガモは10〜12個である。いずれも多産である。もとよりすべてが順調に孵化し、無事に育つとは限らない。しかし、それにしても少子化問題で悩む日本では考えられない産卵数である。しかも、雄親は交尾を終えると抱卵や育雛はすべて雌親まかせ。子育てには一切参加しない。シングルマザーによる子育てである。鳥類なので授乳やおむつの取り替えはないものの、食事の世話はどうするのだろうか。

実は、カルガモの雛は孵化して間もなく歩いて水域に移動し、自分で餌をついばむことができる。母鳥による給餌は行わない。母鳥の役割は、雛たちを天敵から守りながら、餌の多いところに誘導することだ(写真❻)。同じ場所に長時間留まると食べ物を食い尽くすので、常に池や沼を移動しなければならない。雛は2ケ月ほど母親と移動生活を送り、飛べるようになる。ただし、その間にカラスや猛禽類に襲われたり、カムルチーなどの魚に呑み込まれたりして無事に育つのは数羽にすぎない。

カイツブリ

水上生活に適応した生態

❶水に浮いた「浮き巣」で繁殖中のカイツブリ（江東区清澄庭園）

カイツブリは流れの穏やかな河川や沼などの水域に適応した水鳥だ。長い首、丸っこい体形、水中で泳ぐのに適した平たい弁のついた弁足《べんそく》などいずれも水中を自在に泳ぐのに特化している。足が後方についているため、泳ぐのは得意だが歩くのは苦手である。

「浮き巣」で繁殖するのもカイツブリの特徴の一つだ。ヨシや水中の石や杭などを支柱にし、浮草や枯葉、枯枝、捨てられたビニールなどのゴミで作った巣が水面に浮いているため、増水して水位が上がっても巣は水没しにくいのだ（写真❶）。

❷ガラス越しにカイツブリの泳ぐ姿を観察できる井の頭自然文化園（東京都武蔵野市）

水中での行動を観察する

カイツブリの主な餌は魚やエビなどの水生動物だ。水中に潜って獲物を捕らえるので、よく澄んだ水でないと水中での行動は観察できない。井の頭自然文化園（分園）の水生物館では、大きな水槽でカイツブリを飼育しており、足の位置が体の後方についていることや水中で自在に泳ぐ姿などをガラス越しに観察できる（**写真❷**）。

川や池では、潜水して20秒も30秒も出てこないことがある。行方が分からなくなったころ予期せぬところからひょいと浮上する。そのとき小魚などをくわえていることもあるが、失敗することも多い。

雛への給餌を観察する

❸雛にエビを給餌するカイツブリ（東京都町田市薬師池公園）

❹魚を捕らえて浮上したカイツブリ（町田市薬師池公園）

カイツブリがどんな餌を捕らえるのかは、子育ての季節が観察しやすい。浮き巣にいる雛に雌雄の親鳥は次々と餌を運んでくる。クチボソやメダカ、ハゼの仲間、淡水産のエビなどが多い（写真❸／❹）。

岸和田市のため池で行われたカイツブリの雛への給餌調査によれば、タモロコやモツゴ、ヨシノボリ、スジエビ、ヤゴ、アメリカザリガニ、ウシガエル

（幼生）などが与えられた（風間2005）。

魚類だけでなく、水域に生息する多様な小動物が捕食されている。時にはアオムシ（蛾や蝶の幼虫）を運んできたこともある。水面に落下したものを捕らえたか、または水面に張り出した枝や岸辺の水草などで捕らえたのかも知れない。また、石神井公園では巣立った幼鳥のカイツブリがセミ（ヒグラシ）をくわえているのが観察されている（松丸2014私信）。セミは、岸辺の杭や木の枝などにいるところを捕らえたか、あるいは水面に落下したものかも知れない。

ウチワヤンマにアタック

カイツブリが雛に運んでくる主な餌は、魚やエビなどである。が、目の前に現われた小動物なら何でもつつき、飛びついて捕食する。その一例が、カイツブリによるトンボ採りである。

川や池の岸辺はトンボの宝庫である。ヤゴが羽化するのも岸辺であり、イトトンボなどが水草の葉や茎にとまって産卵することもある。岸辺の杭や枝先、護岸などにはシオカ

❺ウチワヤンマに飛びかかるカイツブリ（練馬区石神井公園、撮影:古屋真）

ラトンボ、オオシオカラトンボをはじめ、コシアキトンボ、ウチワヤンマなどの雄が縄張りを張って雌がくるのを待っている。特にウチワヤンマの雄は、杭の先端に止まる習性があり、カイツブリのターゲットになりやすい。そっとトンボの下へと接近し、首を伸ばして狙いをつけ、水面を蹴って一気にトンボに飛びかかった（**写真❺**）。写真は古屋真氏が石神井公園（練馬区）で撮影したものだが、タッチの差でウチワヤンマがカイツブリをかわして飛び去った。

なぜ真冬でも子育てできるの？

寒さが最も厳しくなる1月中下旬、大寒のころに皇居のお濠でカイツブリが繁殖してい

❻真冬に子育てするカイツブリ（千代田区皇居・凱旋濠）

るのを観察したことがある（写真❻）。お濠では薄氷が張ることもある。そんな寒い季節に、なぜカイツブリは繁殖できるのだろうか。

カイツブリは水に潜って採餌するタイプなので、お濠の全面結氷が何日も続くようであれば採餌できずに生きていけなくなる。繁殖どころではない。皇居のお濠は、結氷することはあるがすぐに解けてしまう。何日も全面結氷することはない。

カイツブリが冬季を含めて一年中繁殖できるのは、雛の餌が主に魚やエビなどの水生動物であり、一年中入手できることと関係している。魚食性のカワウ（→P.178）が冬季に繁殖できるのも同じ理由からである。

コアジサシ

カワセミに負けないダイビング

コアジサシと言えば、水に飛び込んで魚を捕らえるシーンを思い描く。体は細く、嘴は尖り、ツバメのような細長い翼を閉じて一直線に水中に飛び込む。カモメの仲間であり、体は白く水かきがある。明るい空をバックにした時に白い羽は目立たず、水かきは水中から脱出するのに役立っている（**写真❶**）。

❶空中を飛びながら水面下の魚を探すコアジサシ（葛飾区水元公園）

コアジサシは河原や埋め立て地、工事現場などの地上で繁殖する。小石がゴロゴロ転がっているだけで身を隠すところはなく、天敵に狙われやすい。炎天下の猛暑にも耐えねばならない。ひとたび大雨が降れば巣は水浸しになる。しかも、年々変化してしまう不安定な環境なので何年も同じ場所で繁殖するの

❷魚をくわえて水中から飛び出るコアジサシ（大阪府堺市船渡池公園、撮影:松井一宏）

は難しい。なぜ他の鳥が見向きもしない劣悪な環境でコアジサシは繁殖するのだろうか。

ダイビングの魅力

コアジサシは水中にダイビングして魚を捕らえる。空を飛びながら水面下の魚を探し、魚を見つけるとホバリングしながら狙いを定め、一気に水に飛び込み魚を捕らえる。そのダイナミックな漁はカワセミに勝るとも劣らない迫力がある（**写真❷**）。

カワセミの場合も空中からダイビングすることもあるが、多くは岸辺の枝や石の上からのダイビングである。それに対しコアジサシは空中からのダイビングのみである。カワセミが岸辺を移動しながら魚を狙うのに対し、コアジサシは岸から離れた広い水域を飛びながら魚を狙うからだ。

コアジサシは、高さ5〜15mほどの上空から、魚をめがけてほぼ真下に一直線に落下し、頭から水に突っ込み魚を捕らえる。と同時に水かきで水を蹴り、はばたいて水中から脱出する。

和名のコアジサシは「小型のアジサシ」である。アジは魚の「鰺《あじ》」というよりも「普通の魚」といった意味合いである。「サシ」は嘴で魚を「刺す」という意味ではない。細い竿の先に鳥もちをつけ、素早く鳥に差し出して捕らえる「鳥刺し」に由来する（安倍2008）。魚を嘴で突き刺すこともあるが、挟んで捕らえることが多い。

❸雛にカタクチイワシを運んできた親鳥（東京都大田区森ヶ崎水再生センター）

捕らえる魚種は生息する水域によっても異なる。関東地方の内陸部では主にモツゴ、アユ、フナ、タモロコ、オイカワなど。東京湾沿岸や河口付近ではボラ、マハゼ、カタクチイワシ、アユ、チチブなどである（写真❸）。

砂地に紛れた雛の保護色

コアジサシが餌を漁るのは、自分が食べるだけではない。雄は求愛の際に捕らえた魚を雌にプレゼントする。これを求愛給餌という。プレゼントを受け取るかどうかは雌の気持ち次第であり、雄は漁の腕前を試されることになる。

子育てが始まると、雛の成長に伴い餌を運ぶ回数は日ごとに増えていく。雛数は3〜4羽もいるので両親で頑張っても間にあわないくらいだ。しかも、雛は歩くことはできるが飛べないので、カラスや猛禽類、ネコなどに見つかれば命取りになる。親鳥として悩ましいのは、雛の近くに留まって天敵への警戒や防衛が必要であり、同時に魚をとるために雛から離れなければならないことだ。カラスやチョウゲンボウなどは、こうしたコアジサシの矛盾した行動の隙間を狙って雛をかっさらおうとする。

一方コアジサシの雛が身を守る唯一の方法は保護色である。雛の体は白や黒が混じった見事な迷彩模様をしており、小石や砂地に紛れて見つけにくい。じっと動かないことが最大の護身になる。河原や埋め立て地などにいる雛を見つけても、ちょっと目を逸らしただけ

❹雛に給餌するコアジサシ。雛は保護色で見つけにくい（越谷市内の工事現場）

で見失ってしまうことがある。小石や砂地に化けた雛たちは、ひたすら魚をくわえて戻ってくる親鳥を待ち、給餌を受ける（写真❹）。

集団防衛の功罪

コアジサシの繁殖の特徴は、集団繁殖（コロニー）である。河原や海浜、埋め立て地などで数十巣、時には数百巣がまとまって繁殖する。カラスやチョウゲンボウ、ネコなどの天敵に対して、親鳥たちは集団でまとまって攻撃し、卵や雛を守る。

カラスなどの天敵がコロニーに接近すると、親鳥たちは次々と飛び立ち、キリッ、キリッと鳴いて威嚇しながら追いかける。地上のネ

❺コアジサシの攻撃をかわして雛を捕らえたチョウゲンボウ（大田区森ヶ崎水再生センター、撮影:早川雅晴）

コや人に対しては、上空から後頭部めざして急降下してくる。それでも立ち退かないと、骨や小石を吐き出し攻撃をエスカレートさせる。大きなコロニーほど羽数が多いので防衛力は高まる。ただし、この集団防衛が裏目に出ることもある。カラスや猛禽類に営巣地を教えてしまうことになるからだ。カラスやチョウゲンボウも子育て中であり、コアジサシの卵や雛は格好の獲物なのだ（写真❺）。

それにしてもコアジサシはなぜこんな危険で不安定な環境で繁殖するのだろうか。餌場である水域に近く、繁殖地を独占できるという利点はあるが、まだまだ分からないところが多い。

コサギ

多彩で技巧的な漁の数々

❶干潟の浅瀬でダッシュしてボラを捕らえたコサギ（千葉県船橋市ふなばし三番瀬海浜公園）

コサギは、国内最大級のアオサギやダイサギに比べずっと小型のサギだ。ダイサギより足が短いので深い水には入れない。ただし、漁のテクニックは多彩で高度。驚くべきものがある（写真❶）。

魚やカエル、ザリガニなどの見つけ方、捕らえ方など、コサギの漁をみていると、賢いカラスに並ぶ能力を持っており、バードウオッチングの究極の面白さを披露してくれる。

❷コサギの追い出し漁。足で水をゆすり魚やザリガニを追い出す（市川市じゅん菜池緑地）

多彩な漁のテクニック

コサギは池や川の浅瀬に入り、ゆっくりと歩きながら魚やカエル、水生昆虫などの獲物を探す。水中でわずかな動きがあると、立ち止まってじっと凝視する。獲物が動くその一瞬を見逃さず、長い嘴を繰り出して捕らえてしまう。

面白いのは「追い出し漁」である。水中に小枝や落葉があり、いかにも魚やザリガニが潜んでいそうな場所がある。するとコサギは、指先で水底を叩くようにして獲物を追い出して捕食する（写真❷）。獲物がちょっとでも動けば一瞬にして捕える。サギはカラスと違っ

❸パンを水面に落として魚をおびき寄せるコサギ（台東区上野恩賜公園不忍池）

て死骸は食べない。追い出し漁は、獲物が生きていることを確認する、という意味もあるのかも知れない。

大勢の人が訪れる公園の池などでは、人が与えるパンなども食べる。コサギによってはパンの切れ端を水面に落とし、魚をおびき寄せる「撒《ま》き餌《え》漁」を行う個体もいる（**写真❸**）。

魚やカエルを捕らえる名場面

コサギの主な餌は、魚類（フナ、ドジョウ）、両生類（カエル）、甲殻類（アメリカザリガニ、スジエビ）などの水生動物だ。またイナゴ、バッタ、ケラ、ハエなどの昆虫もよく捕食する。

❹アユを捕らえた婚姻色のコサギ（市川市大柏川）

筆者はこれまでコサギが獲物を捕らえるシーンを数多く観察してきた。その中でも特に印象的なシーンをいくつか紹介したい。

「アユを捕らえる」（写真❹）。コサギの額の色は通常は黄色だが、繁殖期には一時的に赤やピンクの「婚姻色」に変化する。その婚姻色のコサギが魚を捕食するシーンを撮影したところ、捕らえた魚の背びれの後方には「脂《あぶら》びれ」があり、アユであることが分かった。

「漁港の生《い》け簀《す》の中からカタクチイワシを失敬するコサギ」（写真❺）。

「冬の大町自然公園（市川市）の湿地で捕らえたウシガエル」（写真❻）。口の幅より大きな獲物だが呑み込んでしまった。

❺生け簀のカタクチイワシを捕らえたコサギ（千葉県鴨川漁港）

❻大きなウシガエルを捕らえたコサギ（市川市大町自然観察園）

「おねだり漁」と「波紋《はもん》漁法」

「コサギのおねだり漁」（写真❼）。釣り人で賑わう都立水元公園（葛飾区）では、コサギが釣り人にそっと近づく。釣り人はコサギの気持ちが分かっているようで、モツゴなどを与える。

「波紋漁法」（写真❽）。嘴で水面に波紋をつくり、水面に落ちた昆虫に似せ、これを食べようと近寄ってくる小魚を捕らえる。写真は2003年10月4日に上野不忍池で撮影したもので、どのコサギでもできるわけではない。

❼釣り人に近づいてモツゴをもらうコサギ（葛飾区水元公園）

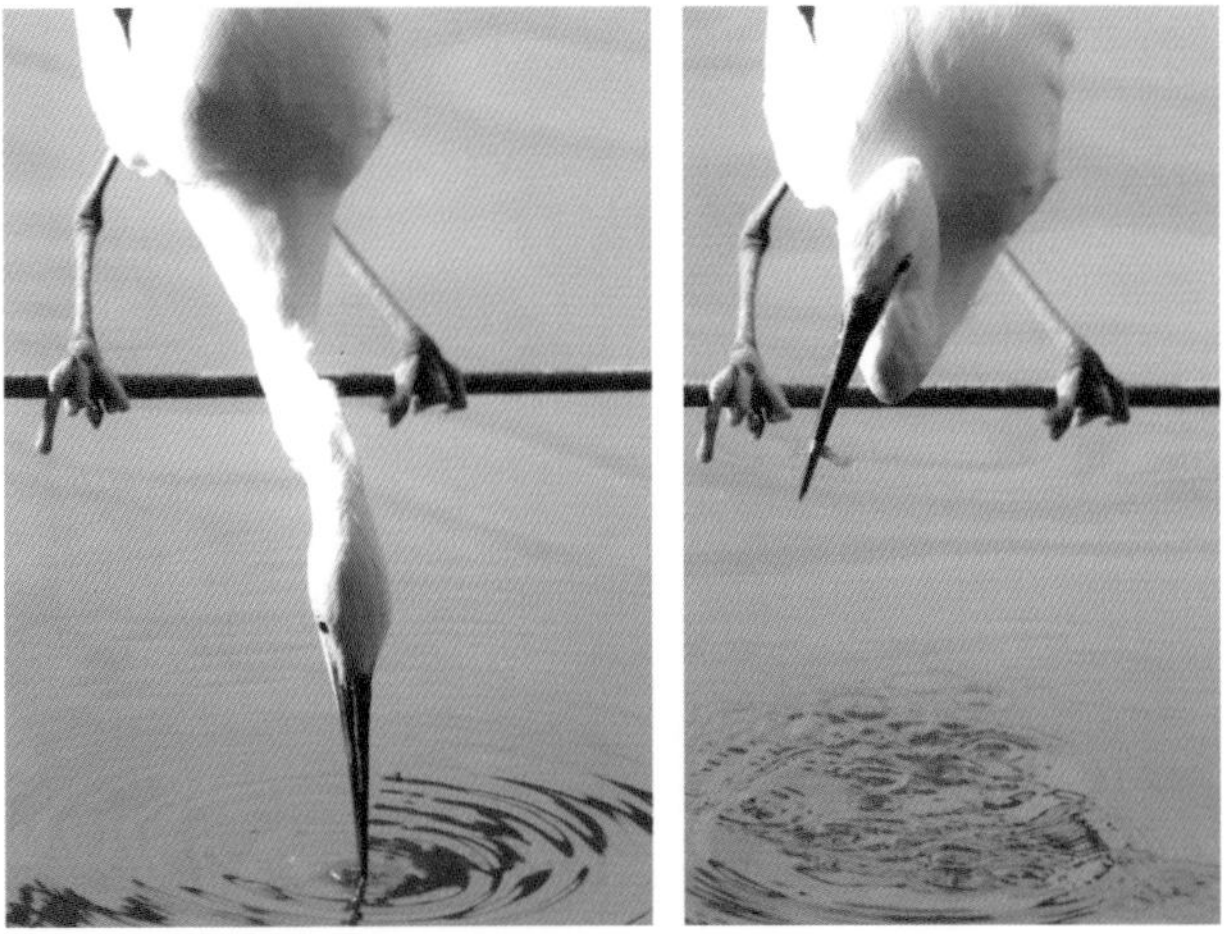

❽嘴で水面に波紋をつくり魚をおびき寄せるコサギ（左）。魚を捕らえたコサギ（右）
（台東区上野恩賜公園不忍池、撮影：渡辺浩）

アオサギ

「鳥ハ食ノ為ニ死ス」

❶大きな魚を捕らえ呑み込めずに苦労するアオサギ(葛飾区水元公園)

コサギの体長61㎝に対してアオサギ95㎝。アオサギは足も首も嘴も長い。コサギが入れないような深いところまで入り大きな魚を捕食する。獲物が大きすぎて呑み込めるものかどうかハラハラしてしまうことがある(**写真❶**)。

中国の諺で「鳥ハ食ノ為ニ死ス」という。食欲旺盛のあまり喉につかえて死んでしまっては元も子もない。時には自分の頭より遥かに大きな魚を捕らえることがある。大きくて重たい魚を果たして呑み込めるかどうか……。蛇足ながら、「鳥ハ食ノ為ニ死ス」に続く言葉は「人ハ財ノ為ニ死ス」である。確かに、人は財産やお金の為にどれほど多くの命を落したことか……。

大物食いのアオサギ

アオサギは全国各地の湖沼や河川に生息している。東京では多摩動物公園内で集団繁殖しているし、東京都心の日比谷公園や新宿御苑の池、上野不忍池でも、皇居のお濠でも観察できる。筆者がこれまでに観察したことのあるアオサギの大きな獲物としては、都立水元公園での大きなフナや長さ1～2mもある巨大なウナギ、谷津干潟で捕らえた横幅の大きなエイなどである。

いずれの場合も直ぐには呑み込めず、何回も何回もくわえ直し、嘴を上に上げて呑みこもうとするが、喉に入らず落としてしまう。悪戦苦闘すること30分。魚が弱ってきたころにようやく魚の頭が喉に入ったが尾はまだ嘴の外にある（**写真❷**）。そしてさらに難

❷大きな魚を呑み込むアオサギ

関が待っている。魚は頭から尾まで背骨が真っ直ぐ伸びている。だが、サギの首はS字状に曲がっている。容易には食道を通過できない。細長い首の中の食道を魚が下っていく様子が外からはっきりと分かる。呑み込んだ魚が、そのまま食道でつかえてしまえばそれこそ「食ノ為ニ死ス」ことになる。**写真❶**は❷を経て、何とか呑み込むことができた。

食べ終わったアオサギは、魚の重さだけ体重が増えてしまう。一刻も早く消化吸収し、ペリットや糞を排出しないと、自由に空を飛べなくなる。

❸ヒヨドリを水につけて弱らせるアオサギ。この後、ヒヨドリを呑み込んだ（東京都目黒区目黒川、撮影:高橋利江）

ゴイサギを食べるアオサギ

アオサギは大物食いである、と同時に食性の幅がとても広い。呑み込める動物なら何でも食べてしまう。

ネズミも食べるし野鳥も食べる。外国の事例では子ウサギを丸呑みにしている。水鳥なのでアメリカザリガニやウシガエルは大好物だ。しかも、ケラ、バッタ、テントウムシ、アリといったごく小さな昆虫も器用に捕食する。

都心の目黒川では、捕らえたヒヨドリを水に沈めて弱らせてから呑み込むシーンが観察されている（写真❸）。また水元公園では、アオサギが鳴き叫ぶゴイサギの幼鳥を丸呑みにするという壮絶なシーンを見たことがある（写真❹）。

❹ゴイサギの幼鳥を呑み込むアオサギ。ゴイサギの足が見える（葛飾区水元公園、撮影:辻智隆）

元祖・おねだり漁

水元公園のコサギが人におねだりして小魚をもらう「おねだり漁」についてはP.170で紹介した。実はこの漁をコサギよりも前からやっていたのが1羽のアオサギである。いわば元

❺釣り人から雑魚をもらうアオサギのおねだり漁（葛飾区水元公園）

祖・おねだり漁である。

アオサギは岸辺の釣り人の動きを見渡しており、ヘラブナのような大物を釣った場合はまったく反応しない（写真❺）。釣り人は「キャッチ&リリース」を楽しんでおり、ヘラブナは直ぐに放流してしまうからだ。一方、雑魚（モツゴなど）が釣れると、アオサギはすぐに飛び立って釣り人のそばに舞い降りる。釣り人もアオサギの気持ちがよく分かっているらしく、無言でアオサギの足元に雑魚を放り投げてやる。

カワウの追い込み漁を利用するアオサギ

カワウは、春から夏は東京湾沿岸で、秋か

❻カワウが魚を川辺に追い込んでくるのを待っているアオサギ（円内）（市川市江戸川）

ら冬は内陸部の河川で採餌する。このように採餌場所を季節的に変えるのは、冬季には海水温が低下するため海の魚が深場に移動してしまい、カワウが深場まで潜れないからだ。

江戸川では10月下旬になると、行徳野鳥保護区のカワウが大群で川をさかのぼってくる。日の出前の早朝に１０００～２０００羽の大群が川を埋めつくすことも珍しくない。カワウの群が追い込み漁によって魚群を岸辺へ追っていくと、岸辺ではアオサギやダイサギが待ち構えており難なく魚を捕らえてしまう。カワウを利用したアオサギのオートライイシズムである（**写真❻**）。

❶大きな魚をめぐるカワウの争奪戦（撮影:篠原五男）

カワウ

鵜が難儀するウナンギ？

鵜飼いに使われる鵜は海岸などに生息するウミウであり、河川や湖沼、河口などにいるのはカワウである。

鵜と言えば「鵜呑み」という言葉のように、何でも丸呑みにしてしまうイメージが強い。鳥は歯がないので、どの鳥も基本的には丸呑みである。しかし、わざわざ「鵜」の名をつけて強調しているのは、鵜呑みのレベルが「ハンパない」からだろう。コサギやアオサギといえども鵜には叶わない。小魚はもとより、背びれに針のような刺があるブルーギルをも呑み込んでしまう。魚が大きすぎて呑み込むのに苦労していると、他のカワウが横取りしようとして凄まじい争奪戦になることもある（写真❶）。

潜水に特化した体

カワウは潜りの名人である。水中を自在に泳ぎ、魚を捕らえる。体重は1・5〜2・5kgと重く、オナガガモやヒドリガモの2倍以上もある。ダイバーが腰に重りをつけて潜水するように、体重が重いほど長時間潜水に向いている。カワウは1分以上も潜水できる。

❷矢印より先の部分を上に反らせることができるカワウの上嘴（千代田区皇居・大手濠）

大きな水かきで水を蹴り、潜水速度は毎秒4・7m（平均1・6m）に達する。俊敏な泳ぎで知られるアユでさえも秒速2m。アユなどいとも簡単に捕食してしまう。

上嘴の先端はカギ状に曲がり、魚を引っかけたら離さない。また、上嘴を上に反らせることができる（写真❷）。そのため、水中で嘴を閉じたまま上嘴を反らせて開き、魚を捕えることができる。

❸大きなウナギを呑み込めずに苦戦するカワウ（葛飾区水元公園）

鵜が難儀するからウナンギ？

カワウの摂食量は1日に約500gともいわれている。体重の約1／4に相当する。カワウが毎日これだけの量の魚を確保するのは大変なことだ。1回の潜水に要するエネルギーはほぼ同じなので、大きな獲物を捕獲した方が効率がよい。カワウはできる限り大きな魚を狙うのはそのためだ。

都立水元公園でアオサギが大きな魚を捕食した事例を紹介した（↓P.173）。同じ場所で、大きなウナギを捕獲した。捕えたが呑み込めず、苦戦苦闘（写真❸）。ウナギはカワウの嘴や首に巻きついて必死に抵抗する。ウナギの名の俗説である「ウナンギ（鵜難儀）」そのものだ。

❹海岸にいる人など意に介さず魚群を岸辺に追い詰めるカワウの大群（船橋市ふなばし三番瀬海浜公園、撮影:越川重治）

東京湾沿岸で集団採餌

カワウは、単独や数羽で採餌することもあるし、数千羽の大群で集団採餌をすることもある。水元公園で大ウナギを捕らえたのは単独採餌であり、お気に入りの獲りの場所がある。

一方、圧巻なのは集団採餌である。東京湾の三番瀬には数千羽のカワウが生息している。魚群をみつけると一斉に移動し、魚群を集団で海岸へと追い詰めて魚を捕える（写真❹）。海面を埋めつくす真っ黒なカワウによる実にスケールの大きな追い込み漁である。

カツオドリ

「襲う鳥、逃げる魚」の大ドラマ

❶客船に接近してきたカツオドリ（雄）（小笠原父島近海）

身近な鳥ではないが、鳥の食生活を知る上で是非とも紹介したいのがカツオドリだ。

カツオドリは、漁師にとってはカツオの居場所を教えてくれる鳥であった。カツオに追われた魚群が表層に逃げる。その魚群を空中から狙うのがカツオドリやオオミズナギドリなどの魚食性海鳥である。海鳥が群がって魚をとっているところにはカツオがいるので鰹《かつお》鳥という（安倍２００８）。

❷海面を見下ろすカツオドリ

目の前のカツオドリ

２０１４年8月24日、初めてカツオドリを見た。場所は東京竹芝桟橋から南へ約１０００㎞の小笠原近海。太平洋上のおがさわら丸の甲板だ。手を伸ばせば届くような目前に、美しいブルーの顔の水鳥が近寄ってきた。雄のカツオドリである（**写真❶**）。黄色い嘴は太くて先が尖り、体全体が細長い紡錘形をしており、抵抗なく水に飛び込めそうだ。

船に近寄ってきたカツオドリが、一瞬、ホバリングでもするように羽ばたいて海面を見下ろした（**写真❷**）。と、その時、一気に急降下し、海面をすれすれに滑空していく……。

❸大型客船に驚いて海面に飛び出たトビウオを追うカツオドリ

その視線の先には必死に逃げるトビウオがいる（写真❸）。

カツオドリが客船に近づいてきたのは、大型船の接近に驚いて空中に飛び出るトビウオがお目当てであった。カツオドリにとって大型客船は、トビウオを追い出してくれる勢子《せこ》の役割を担っていることになる。洋上を舞台に繰り広げられる何ともスケールの大きなオートライシズム（→P.56）である。

逃げるトビウオ、追うカツオドリ

逃げるトビウオも負けてはいない。魚として水中を泳ぐだけでなく、空中を飛ぶ能力も抜群である。普通の魚と違って体の断面は逆三角形をしており、著しく発達した大きな胸びれを広げてグライダーのように滑空する。注目すべきは尾びれの形である。尾びれの下側が特に長い

❹海中から再び空中に出て逃げるトビウオ。追うカツオドリ（撮影:保坂夏樹）

のだ。この尾を激しく振って一気にスピードを上げ、勢いよく空中に飛び出る。空中滑空時は時速50～70㎞に達する。滑空距離は100～300mは普通であり、尾びれで海面をたたきながら更に遠くまで飛び続ける。背後にカツオドリが迫ってくると、方向転換や急ブレーキで身をかわす。カツオドリはそのまま行き過ぎるか、海中に飛び込んでしまう。

一方、カツオドリも食べるためには必死である。トビウオが水中に飛び込み、直ぐに空中に飛び出て逃げようとする。カツオドリも海中に飛び込んだその勢いで直ぐに空中に飛び出てなおもトビウオを追う（写真❹）。その間、わずか1分足らずの攻防ではあるが、熱帯の洋上を舞台に繰り広げられるスペクタクルドラマは実に見応えがある。

おわりに

鳥の食生活の執筆を終え、気づいたことが二つある。一つは、どの鳥も様々な食物をユニークな方法で獲得し、処理し、利用していること。そしてもう一つは、名前はよく知っている鳥でも、食生活はまだまだ分かっていないことが多いこと。後者については、今後の野鳥観察の楽しみの一つとしたい。

本書は、企画そのものが興味深かったことから一気に書き終えることができた。その一方で、掲載した写真は表紙写真を含めて約190点の多数におよんだこともあり、筆者の撮影した写真だけでカバーしきれず、20数名の方より貴重な写真をお借りした。撮影者名は各写真キャプションに記させていただいた。また、紙面の都合でお名前は割愛させていただいたが、各地で行った野鳥の観察や撮影では多くの方のご支援、ご教示を賜った。これら多くの方に改めてお礼申し上げたい。また、長きにわたり執筆を支えてくれた妻にも感謝したい。

本書が予定通り出版できたのは安田薫子さんの手際よい編集と助言によるところが大きい。記してお礼申し上げる。

２０２０年1月　唐沢孝一

【ま行】

【や行】

【ら行】

【わ行】

索引

赤色の文字は本文＋写真掲載ページ
青色の文字は写真掲載ページを示す。

生物名　ページ(関連鳥名のみ記載)

【参考文献】

著者	書名（出版社・発行年）
飯田知彦	『巣箱づくりから自然保護へ』（創森社 2011）
石井華香 ほか	「ジョウビタキの日本での繁殖期における食性解析と繁殖環境分析」（日本鳥学会大会 2019）
宝田延彦・大塚之稔	「岐阜県におけるジョウビタキの繁殖拡大について」（日本鳥学会大会 2019）
浦本昌紀	『現代の記録動物の世界』「第四集、鳥類の生活」（紀伊國屋書店 1966）
風間美穂	「大阪府岸和田市で繁殖するカイツブリのエサ生物について」（日本鳥学会大会 2005）
金子凱彦	『銀座のツバメ』（学芸みらい社 2013）
叶内拓哉	『野鳥と木の実 ハンドブック』（文一総合出版 2006）
唐沢孝一	『唐沢流 自然観察の愉しみ方』（地人書館 2014）
唐沢孝一	『目からウロコの自然観察』（中央公論新書 2018）
唐沢孝一	『モズの話』（北隆館 1980）
唐沢孝一・山﨑秀雄	「糞分析による都心のツバメの雛の食性」（URBAN BIRDS 1991）
川内博	『大都会を生きる野鳥たち』（地人書館 1997）
清棲幸保	『日本鳥類大図鑑』 I II III（講談社 1965）
黒田長久（監修）	『動物大百科 8 鳥類II』 C.M.ペリンズ／A.L.A.ミドルトン編（平凡社 1986）

黒田長久（監修）『動物大百科 ９ 鳥類Ⅲ』C.M.ペリンズ／A.L.A.ミドルトン編（平凡社 １９８６）
後藤二花「長野県善光寺に生息するハシボソガラスの貯食行動」（日本鳥学会大会 １９８４）
小山幸子『ヤマガラの芸』（法政大学出版局 １９９９）
佐野昌男『雪国のスズメ』（誠文堂新光社 １９７４）
嶋田哲郎 ほか「ＧＰＳ−ＴＸによる越冬期のマガモ、カルガモの行動追跡」（日本鳥学会大会 ２０１９）
菅原浩・柿澤亮三『図説日本鳥名由来辞典』（柏書房 １９９３）
高野伸二『フィールドガイド日本の野鳥（増補改訂新版）』（日本野鳥の会 ２０１５）
中島陽一郎『飢饉日本史』（雄山閣出版 １９８１）
西田有佑・高木昌興「モズの越冬期の生息地利用が、はやにえ貯蔵量や求愛歌の魅力に与える影響」（日本鳥学会大会 ２０１９）
藤巻裕蔵「帯広における標識結果3. ツグミ、マミチャジナイ」（日本鳥類標識協会誌６−２ １９９１）
水野千代「カルガモの魚類捕食に関する事例報告」（Strix Vol.24 2006）
宮崎弥太郎・かくまつとむ『仁淀川漁師秘伝』（小学館 ２００１）
矢野亮『カワセミの子育て』（地人書館 ２００９）
山階鳥類研究所（編）『おもしろくてためになる鳥の雑学事典』（日本実業出版社 ２００４）
Lane, S. J. Preferences and apparent digestibilities of sugars by fruit damaging birds in Japan . Annals of Applied Biology 130 (1997)

イースト新書Q

Q064

カラー版 身近《みぢか》な鳥《とり》のすごい食生活《しょくせいかつ》

唐沢孝一《からさわこういち》

2020年3月10日　初版第1刷発行

編集　安田薫子
本文DTP　小林寛子
発行人　北畠夏影
発行所　株式会社イースト・プレス
東京都千代田区神田神保町2-4-7
久月神田ビル　〒101-0051
tel.03-5213-4700　fax.03-5213-4701
https://www.eastpress.co.jp/
ブックデザイン　福田和雄(FUKUDA DESIGN)
印刷所　中央精版印刷株式会社

ISBN978-4-7816-8064-4